INTERNET DATA REPORT ON
CHINA'S SCIENCE POPULARIZATION

# 中国科普互联网数据报告
# 2023

钟　琦　王黎明　马崑翔◎著

科学出版社

北　京

# 内 容 简 介

本书是"中国科普互联网数据报告"系列的第七辑，着眼于互联网科普的平台化发展，对以"科普中国"为代表的公共平台和以抖音为代表的互联网平台上的科普生态状况进行了深入解读与分析，用数据画像的方式多方位呈现了科普内容、科普创作者、科普用户之间复杂而有序的互动，反映了互联网科普生态的现况与趋势、机遇与挑战。全书内容分为三篇。第一篇聚焦公共科普平台的发展，第二篇聚焦由网络新闻、报刊、论坛博客、微信、微博、APP新闻等渠道数据所反映的互联网科普舆情，第三篇聚焦社会化互联网平台科普的发展。

本书适合科普工作者、研究者以及对相关话题感兴趣的读者参考和阅读。

图书在版编目（CIP）数据

中国科普互联网数据报告. 2023 / 钟琦，王黎明，马崑翔著. —北京：科学出版社，2024.1
　ISBN 978-7-03-077045-5

Ⅰ. ①中… Ⅱ. ①钟… ②王… ③马… Ⅲ. ①科普工作–研究报告–中国–2023 Ⅳ. ①N4

中国国家版本馆CIP数据核字（2023）第219615号

责任编辑：张　莉 / 责任校对：韩　杨
责任印制：师艳茹 / 封面设计：有道文化

科 学 出 版 社 出版
北京东黄城根北街16号
邮政编码：100717
http://www.sciencep.com

河北鑫玉鸿程印刷有限公司 印刷
科学出版社发行　各地新华书店经销
*
2024年1月第 一 版　开本：720×1000　1/16
2024年1月第一次印刷　印张：12 1/2
字数：180 000
定价：85.00 元
（如有印装质量问题，我社负责调换）

# 前　言

　　《中国科普互联网数据报告2023》是本系列报告的第七辑。2023版的报告由中国科学技术协会（以下简称中国科协）科普部统筹、中国科普研究所选题，对互联网平台上的科普生态状况进行解读和分析，用数据画像的方式呈现科普的内容、创作者与用户之间的互动。

　　全书内容分为三篇。第一篇聚焦公共科普平台的发展，所用数据主要来自"科普中国"官方和相关的调查问卷。报告围绕"科普中国"内容生产及传播、科普信息员队伍、公众满意度分析和刻画"科普中国"的发展状况与趋势。

　　第二篇聚焦由网络新闻、报刊、论坛博客、微信、微博、APP新闻等渠道数据所反映的互联网科普舆情，所用数据由人民网舆情数据中心提供。报告通过对重点、热点事件中的科普舆情分析，跟踪网民关注的科普领域热点，解读事件发酵的传播路径与公众态度，并对若干热点事件进行专题报告。

　　第三篇聚焦社会化互联网平台科普的发展，所用数据来自巨量算数。报告用数据刻画科普的平台化环境、科普创作者的活动、科普内容的生产和传播等层面的发展特点，分析和呈现抖音、西瓜视频、今日头条平台上的科普生态的现况与趋势、机遇与挑战。

本书课题组向"科普中国"、中国科协科普部、人民网舆情数据中心、巨量算数等合作方和数据提供方致以诚挚的感谢。书中的观点或结论如有不当之处,恳请广大读者批评指正。

作 者

2023 年 10 月于北京

# 目　录

# 图 目 录

# 表 目 录

# 第一篇

"科普中国"平台发展数据报告

　　"科普中国"是伴随科普信息化深入发展而形成的"互联网＋科普"品牌，旨在从内容建设出发，依托全网全域传播渠道，提供科学、权威、有趣、有用的科普内容，提升科普公共服务水平。自 2014 年发展至今，"科普中国"已成为国内最权威的科普品牌和最大的科普服务平台之一。

# 导　言 ▪▪▪▪▪

## 一、数据解读 2022 年"科普中国"的发展特点

本篇共三章，分别围绕"科普中国"内容生产及传播、科普信息员队伍、公众满意度三个方面分析和刻画"科普中国"的发展状况与趋势。本篇的数据既能反映"科普中国"平台建设所取得的成效，又能反映随着平台模式改变和运营重心调整而出现的新特点与新问题。

本篇关注的重点数据包括：① 2022 年"科普中国"云新增原创科普资源容量 9.54 TB，历史累计资源容量 62.65 TB；②"科普中国"共建立 PC 端、移动端、电视端等传播渠道 736 个，年度传播总量超 40 亿人次；③ 7000 多个科普号入驻"科普中国"，全年共发布科普内容近 6 万条，成为科普内容的主要来源；④"科普中国"平均月活跃用户超 110 万人，"科学辟谣"平台覆盖用户 778 万人；⑤"科普中国"信息员队伍持续扩大，截至 2022 年底累计注册 1408.32 万人，同比增长 64.80%，"科普中国"信息员全年传播量达到 9.34 亿人次，同比增长 126.70%。

## 二、"科普中国"平台发展大事记（2013～2022 年）

2022 年，"科普中国"平台在创作环境支撑、资源服务融合、运营管理梳理三个方面取得新的进展。

（1）启动实施"科普中国－星空计划"，加强科普创作者的组织动员和能力培育，为创作者提供选题辅导、课程培训、资金扶持、传播推广等一系列支持。

（2）全面接入中国科协"智慧科协2.0"平台，实现"科普中国"的用户系统、"中央厨房"以及内容库、专家库、人才库与"智慧科协2.0"平台对接，更广泛地联系科技工作者和公众。

（3）打造"科普中国"业务中心、资源中心和管理中心，重组业务流程和运营板块，进一步提升用户活动、资源分发、账号运营等方面的数字化服务水平。

"科普中国"平台发展大事记如图1-1所示。

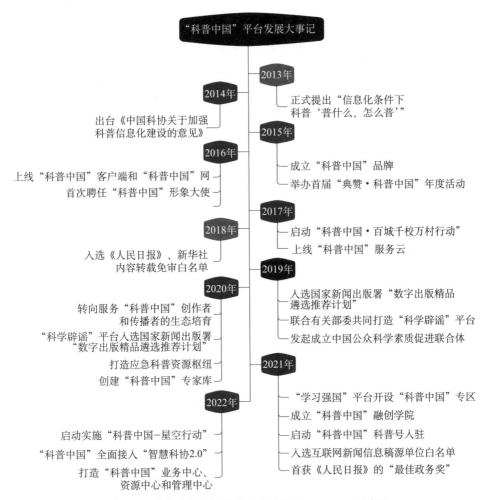

图1-1 "科普中国"平台发展大事记（2013～2022年）

# 第一章

## "科普中国"内容生产及传播数据报告

"科普中国"内容生产及传播数据报告立足科普供给侧和科普需求侧，反映 2022 年国家科普品牌"科普中国"的内容资源容量和媒介形态构成、用户阅览和传播状况，呈现包括各类科学主题资源总量、发布渠道、阅览总量等数据。

## 第一节 "科普中国"内容生产及传播数据报告内容说明

"科普中国"品牌伴随着科普信息化建设工程诞生和发展，紧密结合社会和公众需求，致力于为公众提供科学、权威、有趣、有用的科普内容，以内容为中心融合渠道、用户、运营多维度创新发展，不断提升科普平台的服务供给能力、价值引领能力和社会影响力。发展至今，"科普中国"已成为国内最权威的科普品牌和最大的科普资源库之一。

### 一、2022 年科普信息化平台建设概况

2022 年科普信息化工程加强了专题、特色内容打造，强调科学精神和科学家精神传播，呈现出立足主流、深耕特色、鼓励原创、弘扬价值、注重运营的发展特点。科普信息化工程子项目精简为 16 个（表 1-1）。

表 1-1　2022 年科普信息化工程项目相关情况

| 科普信息化工程子项目 | 子项目承建单位 | 起始年 |
| --- | --- | --- |
| 科普中国前沿科技 | 中国科学院 | 2018 |
| 科普中国重大科技成果解读 | 新华网 | 2018 |
| 科普中国军事科技 | 光明网 | 2018 |
| 科普中国绿色双碳 | 新华网 | 2018 |
| 科普中国智惠农民 | 光明网 | 2019 |
| 科普中国应急安全 | 应急管理部 | 2021 |
| 科普中国食品安全 | 人民网 | 2021 |
| 改变世界的 30 分钟 | 北京广播电视台 | 2021 |
| 科普中国医疗健康 | 中华医学会 | 2022 |
| 头条要闻科普解读 | 人民网 | 2022 |
| 科普中国繁星追梦 | 光明网 | 2022 |
| 科普中国航天科普 | 航天科技报 | 2022 |
| 科普中国科学视界 | 中科数创 | 2022 |
| 科普中国星空计划 | 中科星河 | 2022 |
| 科普中国前沿科技 | 中国科学院 | 2018 |
| 科普中国重大科技成果解读 | 新华网 | 2018 |

## 二、"科普中国"频道调整情况

### （一）"科普中国"网频道分类调整情况

2022 年"科普中国"网大幅改版，设置了 10 个频道分类，包括"前沿""健康""百科""军事""科幻""安全""人物""智农""专区""资源服务"。与 2021 年相比，去掉了"辟谣""地方"两个频道，增设"专区"频道，原来的二级分类全部取消。

### （二）"科普中国"APP 频道分类调整情况

"科普中国"APP 集资讯、活动、微社群于一体，相比"科普中国"网，强化了社区互动和个人网络科普行为记录。2022 年的一级频道分类与 2021 年一致，即"首页""视频""发布""活动""我的"。二级分类频道包括"头条"

"前沿科技""应急科普""健康""辟谣""科教""天文地理""博物""科幻""军事""智农""人物""专题""社区""榜单""专区""生活百科""其他"。与 2021 年相比，去掉了"问答"频道，其余频道完全一致。

## 第二节 "科普中国"内容制作和发布数据报告

"科普中国"内容资源的生产汇聚数据按照科普内容的媒介表达方式进行分类统计，如科普图文、科普视频、科普题库题目。发布渠道包括微信、微博等社交媒体，以及"科普中国"网、"科普中国"APP 等。

### 一、"科普中国"云全年汇集的科普内容总量

"科普中国"服务云是"科普中国"内容资源的汇聚平台，包括原创资源及合作内容资源。表 1-2 为"科普中国"2022 年原创科普内容资源的月度数据，与以往数据保持相同的统计口径。8 月的资源容量出现突增，当月的科普视频生产数量显著增加。图 1-2 为 2022 年"科普中国"新增内容资源容量、科普图文数量、科普视频数量的月度变化曲线。

表 1-2　2022 年"科普中国"原创内容资源的月度数据

| 月份 | 资源容量 /TB | 科普图文 / 条 | 科普视频 | |
|---|---|---|---|---|
| | | | 数量 / 条 | 时长 / 分 |
| 1 | 0.01 | 63 | 14 | 20.50 |
| 2 | 0.01 | 119 | 11 | 25.80 |
| 3 | 0.01 | 76 | 9 | 18.90 |
| 4 | 0.01 | 89 | 24 | 131.50 |
| 5 | 0.20 | 106 | 59 | 159.80 |
| 6 | 0.26 | 591 | 292 | 1 168.29 |
| 7 | 0.19 | 398 | 256 | 1 216.01 |
| 8 | 2.13 | 976 | 719 | 3 302.37 |
| 9 | 2.02 | 422 | 256 | 1 770.16 |

续表

| 月份 | 资源容量 /TB | 科普图文 / 条 | 科普视频 | |
|---|---|---|---|---|
| | | | 数量 / 条 | 时长 / 分 |
| 10 | 2.00 | 823 | 347 | 1 347.84 |
| 11 | 1.47 | 1 552 | 1 429 | 5 906.86 |
| 12 | 1.23 | 141 | 76 | 424.06 |
| 总计 | 9.54 | 5 356 | 3 492 | 1 5492.09 |

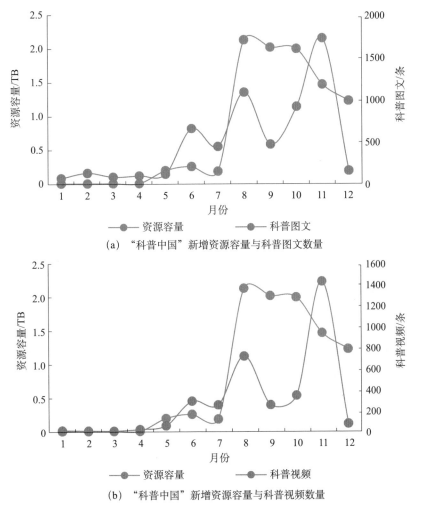

(a) "科普中国"新增资源容量与科普图文数量

(b) "科普中国"新增资源容量与科普视频数量

图 1-2 2022 年"科普中国"新增内容资源容量、科普图文数量、科普视频数量
月度变化曲线

2022 年全年，"科普中国"云新增科普资源容量 9.54 TB，新增内容总数为 8848 条，包括科普图文 5356 条、科普视频 3492 条。相比 2021 年，新增科普资源容量 0.41 TB，新增科普视频 1529 条，新增科普图文 820 条。

从科普视频的时长来看，2022 年"科普中国"新增科普视频平均时长为 4.4 分钟，一年中各月新增视频的平均时长集中在 2～6 分钟（图 1-3）。

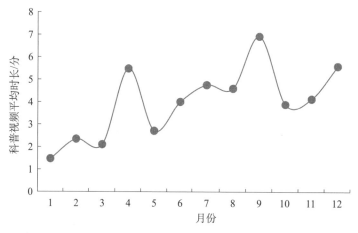

图 1-3　2022 年"科普中国"新增科普视频平均时长月变化曲线

2022 年"科普中国"的科普资源数据（表 1-3、表 1-4）反映出科普内容建设的如下变化：① 2022 年的科普视频平均季度增长量明显高于过去三年的平均季度增长量；②自 2020 年以来，科普资源容量平均季度增长量逐年增加，保持在 2 TB 以上。

表 1-3　"科普中国"资源容量累计数据

| 截止时间 | 资源容量 /TB | 科普图文 / 条 | 科普视频 / 条 |
| --- | --- | --- | --- |
| 2017 年 12 月 | 15.35 | 177 868 | 11 839 |
| 2018 年 3 月 | 19.44 | 183 154 | 14 615 |
| 2018 年 6 月 | 20.56 | 188 314 | 15 449 |
| 2018 年 9 月 | 26.41 | 192 734 | 16 898 |
| 2018 年 12 月 | 27.91 | 196 919 | 17 987 |
| 2019 年 3 月 | 28.51 | 199 284 | 18 260 |
| 2019 年 6 月 | 29.91 | 202 422 | 18 759 |
| 2019 年 9 月 | 32.41 | 209 138 | 19 723 |
| 2019 年 12 月 | 35.81 | 212 920 | 20 594 |

续表

| 截止时间 | 资源容量 /TB | 科普图文 / 条 | 科普视频 / 条 |
|---|---|---|---|
| 2020 年 3 月 | 36.31 | 214 495 | 20 643 |
| 2020 年 6 月 | 37.61 | 216 986 | 21 031 |
| 2020 年 9 月 | 39.22 | 218 762 | 21 706 |
| 2020 年 12 月 | 44.02 | 219 970 | 22 514 |
| 2021 年 3 月 | 44.33 | 220 991 | 22 719 |
| 2021 年 6 月 | 45.91 | 222 271 | 23 065 |
| 2021 年 9 月 | 50.82 | 223 405 | 23 814 |
| 2021 年 12 月 | 53.15 | 224 506 | 24 481 |
| 2022 年 3 月 | 53.15 | 224 764 | 24 515 |
| 2022 年 6 月 | 53.61 | 225 550 | 24 890 |
| 2022 年 9 月 | 57.95 | 227 346 | 26 121 |
| 2022 年 12 月 | 62.65 | 229 862 | 27 973 |

表 1-4 "科普中国"资源容量平均季度增长数据

| 年度 | 资源容量 /TB | 科普图文 / 条 | 科普视频 / 条 |
|---|---|---|---|
| 2018 | 3.14 | 4763 | 1537 |
| 2019 | 1.98 | 4000 | 652 |
| 2020 | 2.05 | 1762 | 480 |
| 2021 | 2.28 | 1134 | 492 |
| 2022 | 2.38 | 1339 | 873 |

图 1-4 显示的是 2018～2022 年"科普中国"内容资源累计容量季度变化曲线。其中实线是实际累计资源容量,虚线是按照线性关系添加的趋势线。从数据来看,2018 年的多数累计资源量要高于趋势线;2019～2022 年这四年的累计资源发展曲线形状类似,显现出两端略高、中间稍低的特点。

图 1-5 显示的是 2018～2022 年连续五年的科普图文和科普视频平均季度增长量。2018～2021 年,科普图文增长量逐年降低,2022 年出现小幅回升;科普视频增长量在 2019 年大幅下降,2020 年出现小幅下降,2021 年仍处于低位,但 2022 年出现较大幅度回升;2019 年以来,科普视频在新增内容中的占比连续上升,从 2019 年的 14.02% 提高到 2022 年的 39.47%。

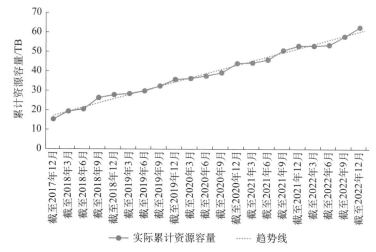

图1-4 2018～2022年"科普中国"内容资源累计容量季度变化曲线

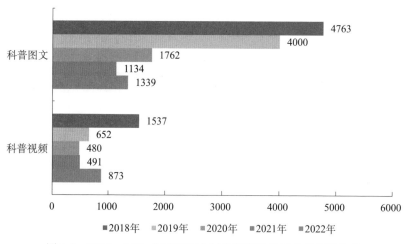

图1-5 2018～2022年科普图文和科普视频的平均季度增长量

## 二、"科普中国"网和"科普中国"APP发布科普内容数量

"科普中国"网和"科普中国"APP是科普内容的主要发布渠道。自2022年起，两个渠道的发布内容实现同步，发文数量和制作专题数量统计见表1-5。2022年按照科普图文、科普视频合计，"科普中国"网和"科普中国"APP全年发文69 050条，制作专题81个（表1-5）。"科普中国"网全年发文比2021

年同比减少 21.0%，制作专题比 2021 年增加 35 个。"科普中国"APP 全年发文比 2021 年同比减少 4.5%，制作专题比 2021 年减少 23 个。

表 1-5 "科普中国"网和"科普中国"APP 2022 年各月发文与制作专题数量

| 月份 | "科普中国"网和"科普中国"APP 发文数 / 条 | "科普中国"网和"科普中国"APP 制作专题数 / 个 |
|---|---|---|
| 1 | 1 921 | 4 |
| 2 | 1 453 | 5 |
| 3 | 1 877 | 4 |
| 4 | 2 232 | 7 |
| 5 | 2 049 | 4 |
| 6 | 3 423 | 9 |
| 7 | 5 348 | 9 |
| 8 | 8 677 | 6 |
| 9 | 7 292 | 9 |
| 10 | 16 479 | 13 |
| 11 | 11 853 | 5 |
| 12 | 6 446 | 6 |
| 总计 | 69 050 | 81 |

"科普中国"发文数在 2022 年 10 月出现高峰，下半年发文数远多于上半年，第四季度发文总量占全年发文量的近一半（图 1-6）。

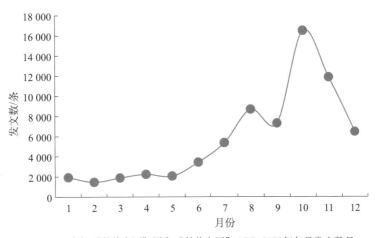

(a) "科普中国"网和"科普中国"APP 2022年各月发文数量

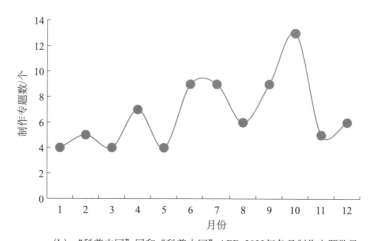

（b）"科普中国"网和"科普中国"APP 2022年各月制作专题数量

图 1-6 "科普中国"网和"科普中国"APP 2022 年各月发文与制作专题数量

表 1-6 与表 1-7 分别展示了"科普中国"网和"科普中国"APP 各频道的发文数据。"科普中国"网发文最多的 4 个频道是"健康""智农""人物""军事"，"科普中国"APP 发文最多的 4 个频道是"头条""健康""生活百科""科教"。

表 1-6 "科普中国"网 2022 年全年分频道发文数统计

| 频道 | 总数/条 | 科普图文/条 | 科普视频/条 |
| --- | --- | --- | --- |
| 健康 | 6762 | 4507 | 2255 |
| 智农 | 1389 | 837 | 552 |
| 人物 | 717 | 508 | 209 |
| 军事 | 542 | 387 | 155 |
| 科幻 | 380 | 332 | 48 |
| 前沿 | — | — | — |
| 百科 | — | — | — |
| 安全 | — | — | — |
| 总计 | 9790 | 6571 | 3219 |

注："前沿""百科""安全"三个频道 2022 年的发文数未统计。

表 1-7 "科普中国"APP 2022 年全年分频道发文数统计

| 频道 | 总数 / 条 | 科普图文数 / 条 | 科普视频数 / 条 |
|---|---|---|---|
| 头条 | 14 242 | 12 870 | 1 372 |
| 健康 | 13 524 | 9 014 | 4 510 |
| 生活百科 | 6 874 | 5 160 | 1 714 |
| 科教 | 6 110 | 3 098 | 3 012 |
| 社区 | 3 786 | 3 364 | 422 |
| 博物 | 3 668 | 2 802 | 866 |
| 天文地理 | 3 346 | 2 336 | 1 010 |
| 前沿科技 | 2 970 | 2 012 | 958 |
| 智农 | 2 778 | 1 674 | 1 104 |
| 应急科普 | 2 186 | 1 470 | 716 |
| 其他 | 1 484 | 1 240 | 244 |
| 人物 | 1 434 | 1 016 | 418 |
| 军事 | 1 084 | 774 | 310 |
| 科幻 | 760 | 664 | 96 |
| 辟谣 | 12 | 10 | 2 |
| 专区 | 4 | 2 | 2 |
| 总计 | 64 262 | 47 506 | 16 756 |

对比各频道的科普图文和科普视频发布情况可知,绝大多数频道发布的科普视频数量少于科普图文数量的一半。"科教"频道发布的科普视频和科普图文数量相当,"智农"频道发布的科普视频数量占科普图文数量的 2/3 左右(图 1-7 和 1-8)。

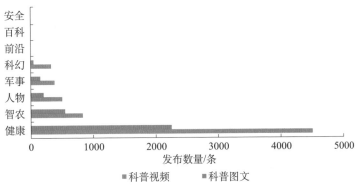

图 1-7 "科普中国"网 2022 年各频道科普图文和科普视频发布数量对比

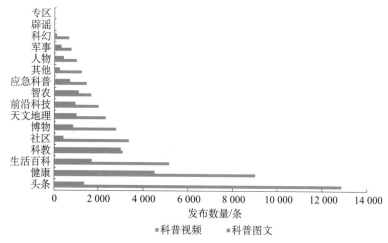

图 1-8 "科普中国" APP 2022 年各频道科普图文和科普视频发布数量对比

## 三、"科普中国"平台科普号发布科普内容数据

截至 2022 年底，"科普中国"科普号累计注册超 7000 个，2022 年发文近 60 000 条。按科普信息化工程项目类科普号和普通科普号两类统计，项目类科普号共 14 个，2022 年共发文 14 464 条，占科普号发文总数的 1/4 左右，平均每个项目类科普号发文超过 1000 条，有 8 个项目类科普号日均发文 1 条以上。其中"头条要闻科普解读"项目发文最多，达到 2517 条（图 1-9）。

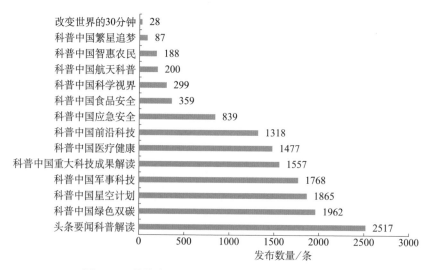

图 1-9 "科普中国"项目类科普号 2022 年发文数量

普通科普号2022年共发文45 299条。根据内容质量[1]和影响力[2]综合排名，"科幻画报""网易健康""华西医生"等在机构科普号中排在前列，"李雷""天文在线""科学信仰"等在个人科普号中排在前列。前20名普通科普号排名情况见图1-10。

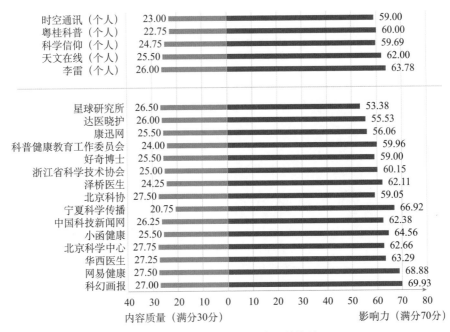

图1-10 2022年"科普中国"普通科普号TOP20

## 四、"科普中国"公众号发布科普内容数据

2022年全年，"科普中国"微信公众号发文3309条，平均每天发文9.0条。从月度发布量来看，平均每月发文275.5条，其中12月发文最多，有349条；5月发文最少，有197条（图1-11）。

在公众号全部发文中，"科普中国"原创内容有614条，占发布总量的18.6%，平均每天发布1.7条。从月度发布量来看，11月发文最多，有143条；9月最少，仅有6条。

---

[1] 内容质量得分，主要从科学性、通俗性、趣味性等多维度进行综合评判。
[2] 内容影响力得分指标包含发布数、原创度、内容浏览量、内容收藏量、内容评论量、内容下载量。

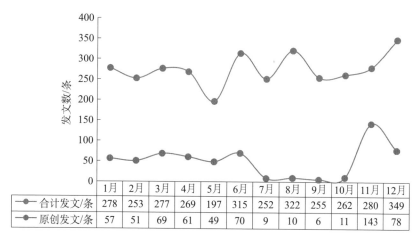

图 1-11 "科普中国"公众号 2022 年月度发文数据

| | 1月 | 2月 | 3月 | 4月 | 5月 | 6月 | 7月 | 8月 | 9月 | 10月 | 11月 | 12月 |
|---|---|---|---|---|---|---|---|---|---|---|---|---|
| 合计发文/条 | 278 | 253 | 277 | 269 | 197 | 315 | 252 | 322 | 255 | 262 | 280 | 349 |
| 原创发文/条 | 57 | 51 | 69 | 61 | 49 | 70 | 9 | 10 | 6 | 11 | 143 | 78 |

## 第三节 "科普中国"内容传播数据报告

"科普中国"内容传播终端包括 PC 端和移动端。2022 年以来移动端的浏览和传播量一直稳定占有七成以上份额，2022 年移动端的浏览和传播量占比 77.5%。不断拓展的社会化传播渠道和平台也为扩大传播覆盖面提供了有利条件。

### 一、"科普中国"各栏目（频道）全年传播总量

2022 年，"科普中国"内容浏览和传播量总计约 42.09 亿人次（表 1-8），移动端浏览和传播量是 PC 端的 3.45 倍。其中，移动端浏览和传播量总和约为 32.63 亿人次，同比下降 15.86%；PC 端浏览和传播量总和为 9.46 亿人次，同比下降 29.03%。

2022 年"科普中国"移动端浏览和传播高点出现在 11 月；6 月是 PC 端浏览和传播高点，也是移动端浏览和传播次高点。对比来看，连续两年"科普中国"浏览和传播量的最高点均出现在 11 月；2022 年前 5 个月的浏览和传播量大幅低于 2021 年同期（图 1-12）。

表 1-8    2022 年"科普中国"内容浏览和传播量、新增传播渠道月度数据

| 月份 | PC 端浏览和传播量 / 亿人次 | 移动端浏览和传播量 / 亿人次 | 新增传播渠道 / 个 |
|---|---|---|---|
| 1 | 0.280 | 1.770 | 3 |
| 2 | — | 1.470 | 14 |
| 3 | — | 1.280 | 6 |
| 4 | — | 1.460 | 0 |
| 5 | — | 1.620 | 1 |
| 6 | 2.785 | 3.063 | 0 |
| 7 | 0.826 | 2.372 | 3 |
| 8 | 0.850 | 3.980 | 4 |
| 9 | 0.702 | 1.955 | 13 |
| 10 | 0.709 | 2.242 | 0 |
| 11 | 2.988 | 8.304 | 0 |
| 12 | 0.280 | 3.110 | 0 |
| 总计 | 9.460 | 32.626 | 44 |

注：2022 年 2 ～ 5 月没有 PC 端浏览和传播量相关数据。

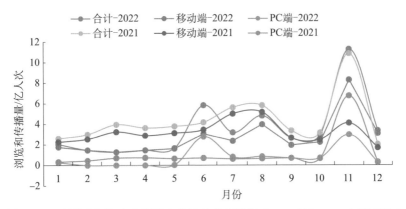

图 1-12    "科普中国"内容浏览和传播量月度数据（2022 年与 2021 年的对比）

## 二、典型传播渠道的传播数据

2022 年"科普中国"APP 新增浏览量超 3.57 亿人次（不含社团），比 2021

年减少 0.55 亿人次。"科普中国"微信公众号新增浏览量超 1.69 亿人次，比 2021 年减少 0.09 亿人次。微博新增浏览量（不含话题）5.19 亿人次，比 2021 年减少 2.23 亿人次。

2022 年，"科普中国"APP 各月的浏览量总体上呈走高趋势，高值出现在 8 月和 12 月；"科普中国"微信公众号前三个季度的浏览量走势平稳，第四季度的浏览量明显增加，12 月达到高值；"科普中国"微博第一季度的浏览量逐渐增加，3 月达到高值，第一季度后总体呈下行趋势（图 1-13）。

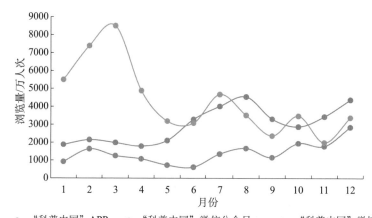

图 1-13　2022 年"科普中国"APP、微信公众号和微博月度浏览量
注："科普中国"APP 浏览量不包含社团，微博浏览量不包含话题浏览量。

## 三、"科普中国"活跃用户数据

网络科普内容的传播量和浏览量与用户活跃程度相关。活跃用户数量在一定程度上体现了"科普中国"APP 内容的有效传播抵达率。月度活跃用户是"科普中国"APP 每月访问用户除去重复访问人员后的数量。2022 年"科普中国"APP 平均月活跃用户为 112.9 万人，比 2021 年同比增加 52.70%。2022 年内，月活跃用户数总体呈上行趋势，最高峰出现在 7 月，月活跃用户数达到 190.0 万人（图 1-14）。

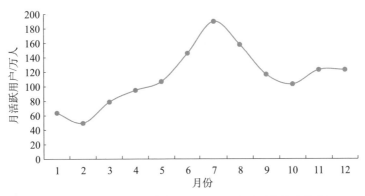

图 1-14 2022 年"科普中国"APP 月活跃用户月度数据

2019 年以来，"科普中国"APP 平均月活跃用户明显增加，从 2019 年的 35.2 万人逐年增加到 2022 年的 112.9 万人，2020 年以来月活跃用户稳定在 40 万以上。历年内各月度活跃用户均呈现先增加后减少的特点，活跃用户增加主要来自新注册用户。2022 年下半年，月活跃用户保持在 100 万人以上，明显高于 2020 年和 2021 年同期（图 1-15）。

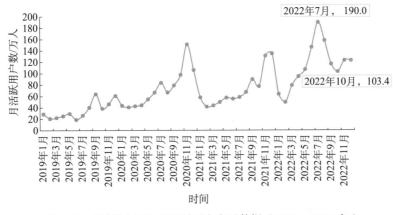

图 1-15 "科普中国"月活跃用户发展数据（2019～2022 年）

## 四、"科学辟谣"平台传播数据

"科学辟谣"平台由国家公共部门、全国学会、权威媒体、社会机构和科技工作者共同参与，致力于构建谣言库、专家库、辟谣资源库等国家级科学辟谣体系，揭开"科学"流言真相，聚焦认知误区，有针对性地提供权威科学解读。

2022 年"科学辟谣"平台的影响力大幅增强，谣言库规模和辟谣资源数量稳步增加。截至 2022 年 12 月，谣言库已累计入库 11 545 条信息，辟谣资源累计达 4173 条，累计总用户近 778 万，累计传播量超过 74.57 亿次。图 1-16 为 2022 年"科学辟谣"平台谣言库和辟谣资源月度数据。

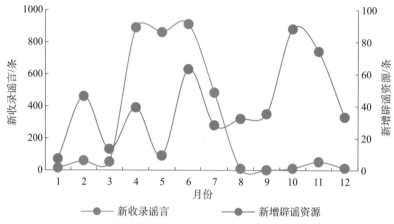

(a) 2022 年"科学辟谣"平台新收录谣言和新增辟谣资源

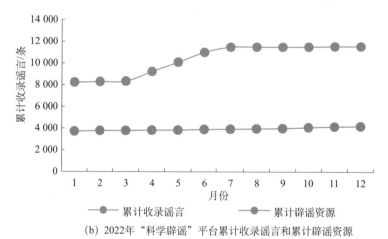

(b) 2022 年"科学辟谣"平台累计收录谣言和累计辟谣资源

图 1-16　2022 年"科学辟谣"平台谣言库和辟谣资源月度数据

综合考虑传播热度、危害程度、学科领域等因素，"科学辟谣"平台定期评选发布月度"科学"流言榜，2022 年共发布 12 期"科学"流言榜，共包含 72 条"科学"流言（表 1-9），其中，与医疗健康相关的流言 37 条，与食药安全、环境安全、信息安全相关的流言 20 条，与科技生活常识相关的流言 8 条，与生物、生态有关的流言 7 条（图 1-17）。

表1-9 2022年1～12月"科学"流言榜

| 月份 | "科学"流言 | 主题 |
|---|---|---|
| 1月 | 老人跌倒能自己爬起来就说明没事 | 医疗健康 |
| | 独柱墩桥有风险，应当弃用 | 环境安全 |
| | "吊脖子"能治疗颈椎病 | 医疗健康 |
| | 核磁共振有"核辐射"会致癌 | 医疗健康 |
| | 蜂蜜、大蒜能治疗幽门螺杆菌感染 | 食药安全 |
| | 自发热内衣是虚假宣传 | 生活健康 |
| 2月 | 地暖辐射可致癌 | 环境安全 |
| | 有生育经验的女性，不用太在意孕检产检 | 医疗健康 |
| | 空气炸锅做菜不健康，还有致癌风险 | 生活健康 |
| | 喝电热水壶烧的水，可能导致重金属超标 | 食药安全 |
| | 天文美图全是为了好看加滤镜PS出来的 | 天文地理 |
| | 冰箱冷藏室上热下冷，爱坏的菜要往下放 | 食药安全 |
| 3月 | HPV疫苗会导致不孕 | 防疫诊疗 |
| | 疫苗对奥密克戎毒株无效 | 防疫诊疗 |
| | 将双腿抬高，能让心搏骤停者恢复心脏跳动 | 医疗健康 |
| | 要想尽快治好病，打针比吃药更好 | 医疗健康 |
| | 验钞手电筒能检出食物中的黄曲霉毒素 | 食药安全 |
| | 只有专业运动员半月板才易损伤 | 医疗健康 |
| 4月 | 新冠病毒的致病性会变得越来越弱 | 防疫诊疗 |
| | 感染奥密克戎会造成严重的后遗症 | 防疫诊疗 |
| | 红色的蚂蚁就是红火蚁 | 生物生态 |
| | 看B超单上孕囊的数据，可以提前知道宝宝性别 | 医疗健康 |
| | 野生动物可以通过养殖正规化成为人类新宠 | 生物生态 |
| | 口罩、棉签里含石墨烯，会危害健康 | 防疫诊疗 |
| 5月 | 老年人基础病多，不宜打新冠疫苗 | 防疫诊疗 |
| | "不明原因急性肝炎"与新冠疫苗有关 | 防疫诊疗 |
| | 豆浆喝多了会诱发乳腺癌 | 食药安全 |
| | 消毒片可直接扔进马桶或下水道消毒 | 食药安全 |
| | 蔬菜都可以塞进冰箱保鲜层保鲜 | 食药安全 |
| | 打性抑制针可用于增高 | 医疗健康 |

续表

| 月份 | "科学"流言 | 主题 |
|---|---|---|
| 6月 | OK镜会磨损角膜 | 医疗健康 |
| | 苏打水能调整身体酸碱平衡 | 食药安全 |
| | 患上痛风，就不能吃豆腐，也不能吃肉和蛋 | 食药安全 |
| | 运动后拉伸越久越好 | 生活健康 |
| | 夹竹桃泡茶能增强体质 | 食药安全 |
| | 杨梅里面有虫，吃了对身体有害 | 食药安全 |
| 7月 | 违法添加了丙二醇的牛奶能让人中毒 | 食药安全 |
| | 在家待着就不会得热射病 | 医疗健康 |
| | 女性吸烟少，所以可以不用担心肺癌 | 医疗健康 |
| | 颈椎病不要紧，按摩、做操就好了 | 医疗健康 |
| | 死去的小鸟能传播猴痘病毒 | 防疫诊疗 |
| | 空调开26℃是最合适的 | 生活健康 |
| 8月 | 高温中暑可以服用藿香正气水缓解 | 食药安全 |
| | 吃素不会得脂肪肝 | 食药安全 |
| | 卖旧手机时，恢复出厂设置就能保证数据不泄露 | 信息安全 |
| | 夏天炎热易出汗，每天要喝3～4升水保持健康 | 食药安全 |
| | 腊肉存放越久越好吃 | 食药安全 |
| | 预制菜有害健康，应当取缔 | 食药安全 |
| 9月 | 槟榔的危害没有宣传中的那么大 | 食药安全 |
| | 长期戴口罩会得肺结节 | 防疫诊疗 |
| | 做核酸用的脱脂棉签易吸附环氧乙烷 | 防疫诊疗 |
| | 无糖月饼真的无糖 | 食药安全 |
| | 常喝葡萄酒能保护心脏 | 食药安全 |
| | 清洗海鲜易感染"食肉菌"且无药可救 | 食药安全 |
| 10月 | 酱油不应含有食品添加剂 | 食药安全 |
| | 电子烟不是真正的烟草，所以更健康 | 生活健康 |
| | 做完骨折手术后要一直静养 | 医疗健康 |
| | 撞树锻炼可以强身健体 | 生活健康 |
| | 家附近有变电站很危险，需要搬家 | 环境安全 |
| | 近视手术后视力恢复，就说明近视治好了 | 医疗健康 |

续表

| 月份 | "科学"流言 | 主题 |
|---|---|---|
| 11 月 | 片剂嚼碎了吃效果更好 | 食药安全 |
| | 土鸡蛋更安全更有营养 | 食药安全 |
| | 腰痛要换个硬床来睡 | 生活健康 |
| | 辐照食品会使食品中的营养物质流失 | 食药安全 |
| | 幼儿撒谎是学坏了，要及时教育纠正 | 生活健康 |
| | 每天要喝八杯水 | 食药安全 |
| 12 月 | 新冠"转阴"后，要换掉牙刷、口红等生活用品 | 防疫诊疗 |
| | 可以通过服药预防新冠 | 防疫诊疗 |
| | 感染新冠后不能吃布洛芬，否则会加重病情 | 防疫诊疗 |
| | 得了新冠喝白开水没用，喝电解质水才有效 | 防疫诊疗 |
| | 感染一次新冠后三个月内不可能再被感染 | 防疫诊疗 |
| | 抗原检测试剂盒不准，用橘子汁做测试也能阳 | 防疫诊疗 |

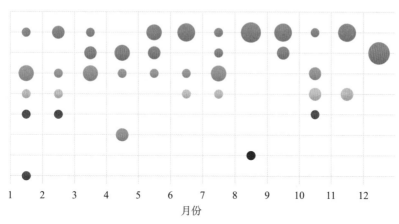

图 1-17　2022 年 1～12 月"科学"流言榜分主题统计

注：气泡大小代表谣言数量多少。

# 第二章 ■■■■■■
# "科普中国"信息员发展数据报告

"科普中国"信息员是指完成"科普中国"APP 新闻实名注册认证并经常性开展科普信息传播的用户,是"科普中国"特有的线上科普内容分享和转发传播者主体。"科普中国"信息员积极宣传和推广"科普中国"APP 新闻,打通科普工作"最后一公里",通过信息转发推荐的方式,向身边公众传播科学权威的科普内容。以下通过描绘"科普中国"APP 注册的"科普中国"信息员总数、性别、地域、分享文章数量等基本特征,形成"科普中国"信息员队伍的整体画像。

## 第一节 "科普中国"信息员队伍注册情况

### 一、"科普中国"信息员全年新增注册人数超 500 万

2022 年全年,"科普中国"新增注册信息员 553.71 万人,平均每月新增注册人数 46.14 万。注册人数增长最多的月份为 7 月,有 1 120 289 人,约占全年的 20.23%(表 2-1 和图 2-1)。截至 2022 年 12 月底,累计注册"科普中国"信息员达 1408.32 万人。2022 年新增注册人数占累计总数的 39.32%。

表 2-1 2022 年 "科普中国" 信息员月度新增注册人数

| 月份 | 新增注册人数 / 人 | 月份 | 新增注册人数 / 人 |
|---|---|---|---|
| 1 | 106 322 | 7 | 1 120 289 |
| 2 | 70 125 | 8 | 723 112 |
| 3 | 258 983 | 9 | 442 870 |
| 4 | 417 935 | 10 | 439 850 |
| 5 | 457 633 | 11 | 583 145 |
| 6 | 713 834 | 12 | 293 016 |

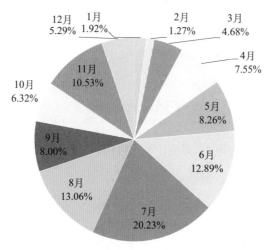

图 2-1 2022 年 "科普中国" 信息员注册人数月度新增占全年份额

## 二、山东省、安徽省、河南省的 "科普中国" 信息员新增注册人数排名前三

2022 年 "科普中国" 信息员队伍建设继续扩量、盖面、提质,加大由省会城市向下属地级城市及县区乡村扩散覆盖范围。表 2-2 是 2022 年全年新增 "科普中国" 信息员注册人数排名前 10 位的省 (自治区、直辖市),其中山东省 (989 755 人)、安徽省 (925 810 人)、河南省 (478 598 人)、山西省 (296 467 人)、湖南省 (263 866 人)、甘肃省 (207 610 人)、浙江省 (193 564 人)、内蒙古自治区 (191 673 人)、江苏省 (183 425 人)、云南省 (174 341 人)(表 2-2)。

表 2-2　2022 年新增"科普中国"信息员注册人数排名前 10 位的省级行政区

| 序号 | 省（自治区、直辖市） | 新增注册人数 / 人 |
|---|---|---|
| 1 | 山东省 | 989 755 |
| 2 | 安徽省 | 925 810 |
| 3 | 河南省 | 478 598 |
| 4 | 山西省 | 296 467 |
| 5 | 湖南省 | 263 866 |
| 6 | 甘肃省 | 207 610 |
| 7 | 浙江省 | 193 564 |
| 8 | 内蒙古自治区 | 191 673 |
| 9 | 江苏省 | 183 425 |
| 10 | 云南省 | 174 341 |

表 2-3 是截至 2022 年 12 月底"科普中国"信息员累计注册数量占总人数比重排名前 10 位的省（自治区、直辖市）。

表 2-3　"科普中国"信息员累计注册人数排名前 10 位的省（自治区、直辖市）
（截至 2022 年 12 月底）

| 序号 | 省（自治区、直辖市） | 累计注册人数 / 人 | 地区人口 / 万人 | 占比 /‰ |
|---|---|---|---|---|
| 1 | 宁夏回族自治区 | 303 508 | 720 | 42.15 |
| 2 | 湖南省 | 2 333 824 | 6 644 | 35.13 |
| 3 | 安徽省 | 1 657 678 | 6 102 | 27.17 |
| 4 | 吉林省 | 652 808 | 2 407 | 27.12 |
| 5 | 内蒙古自治区 | 640 913 | 2 404 | 26.66 |
| 6 | 天津市 | 307 965 | 1 386 | 22.22 |
| 7 | 山西省 | 505 234 | 3 491 | 14.47 |
| 8 | 江西省 | 634 091 | 4 518 | 14.04 |
| 9 | 贵州省 | 529 739 | 3 856 | 13.74 |
| 10 | 重庆市 | 390 779 | 3 205 | 12.19 |

## 第二节 "科普中国"信息员画像

### 一、"科普中国"信息员中女性比男性高 4.20%，但整体比例变化不大

截至 2022 年 12 月底，"科普中国"信息员中女性占比（52.10%）高于男性占比（47.90%）（图 2-2）。女性"科普中国"信息员在占比上相较 2021 年减少 0.68 个百分点，但在总体数量上继续占据优势。

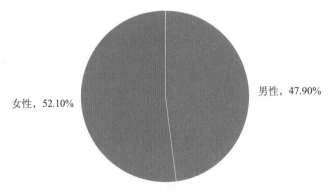

女性，52.10%　　　　　　　男性，47.90%

图 2-2 "科普中国"信息员的性别占比

### 二、"科普中国"信息员中 28～55 岁人群分布均匀

按照"科普中国"信息员数据采集情况，截至 2022 年 12 月底，"科普中国"信息员中占比排列前三位的年龄段分别是：41～55 岁（占总人数的 29.30%）相比 2021 年占比下降 0.68 个百分点，28～34 岁（占总人数 17.60%）相比 2021 年占比下降 1.22 个百分点，35～40 岁（占总人数的 16.70%）相比 2021 年占比提高 0.24 个百分点（图 2-3）。

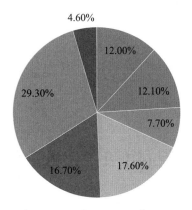

■ 17岁及以下　■ 18～23岁　■ 24～27岁　■ 28～34岁　■ 35～40岁　■ 41～55岁　■ 56岁及以上

图 2-3　"科普中国"信息员的年龄占比

## 三、"科普中国"信息员的受教育程度以本科、大专为主

　　截至 2022 年 12 月底，"科普中国"信息员中，大专及以下受教育程度的人员约占 60.4%，本科及以上人员约占 40%（图 2-4），与 2020 年和 2021 年的统计结果差别不大。受教育程度为本科的"科普中国"信息员占比最高，为 37.50，相比 2021 年下降 0.56 个百分点。受教育程度为本科以上（硕士和博士）的比例相比 2021 年略有上升（0.2 个百分点）。

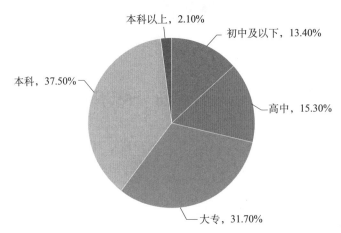

图 2-4　"科普中国"信息员的受教育程度占比

## 第三节 "科普中国"信息员的分享传播情况

### 一、"科普中国"信息员传播量成倍增长

"科普中国"信息员 2022 年全年的传播量为 9.34 亿人次，是 2021 年的 2.27 倍。每个信息员平均月度传播量近 5.53 人次，月度传播量数据如表 2-4 所示，其中 7 月、8 月和 11 月是传播量排名前三位的月份，分别是约 1.19 亿人次、约 1.16 亿人次、约 1.13 亿人次。

表 2-4  2022 年"科普中国"信息员月度传播量

| 月份 | 传播量/人次 | 月份 | 传播量/人次 |
| --- | --- | --- | --- |
| 1 | 27 770 686 | 7 | 118 966 342 |
| 2 | 24 330 388 | 8 | 115 777 853 |
| 3 | 37 718 700 | 9 | 112 317 901 |
| 4 | 53 294 378 | 10 | 98 297 090 |
| 5 | 61 996 265 | 11 | 112 619 932 |
| 6 | 88 748 082 | 12 | 82 585 427 |

从地域上看，湖南省、安徽省、甘肃省的"科普中国"信息员传播量排名前三位，分别是约 3.66 亿人次、约 2.69 亿人次、约 0.67 亿人次（表 2-5）。湖南省的"科普中国"科普员传播量远远领先于其他省（自治区、直辖市）。

表 2-5  2022 年"科普中国"信息员分地域传播量

| 省（自治区、直辖市） | 传播量/人次 | 省（自治区、直辖市） | 传播量/人次 |
| --- | --- | --- | --- |
| 湖南省 | 366 356 491 | 湖北省 | 3 186 670 |
| 安徽省 | 268 693 195 | 辽宁省 | 3 041 840 |
| 甘肃省 | 67 447 756 | 山西省 | 3 003 215 |
| 天津市 | 58 445 077 | 青海省 | 2 701 163 |
| 内蒙古自治区 | 39 884 703 | 吉林省 | 2 437 134 |

续表

| 省（自治区、直辖市） | 传播量/人次 | 省（自治区、直辖市） | 传播量/人次 |
|---|---|---|---|
| 宁夏回族自治区 | 23 628 452 | 广东省 | 2 304 023 |
| 云南省 | 17 639 447 | 四川省 | 1 984 726 |
| 浙江省 | 17 308 749 | 新疆维吾尔自治区 | 1 953 888 |
| 山东省 | 9 904 043 | 陕西省 | 1 137 561 |
| 江苏省 | 7 620 399 | 河北省 | 669 190 |
| 河南省 | 6 690 500 | 上海市 | 562 851 |
| 重庆市 | 5 889 493 | 黑龙江省 | 297 647 |
| 贵州省 | 5 604 163 | 北京市 | 287 478 |
| 广西壮族自治区 | 5 577 108 | 海南省 | 46 520 |
| 福建省 | 5 386 757 | 西藏自治区 | 8 326 |
| 江西省 | 4 724 539 | | |

## 二、"科普中国"信息员活性

"科普中国"信息员活性是指"科普中国"信息员在注册后仍然保持登录且使用"科普中国"APP的比例，即月活跃人数/"科普中国"信息员总量。由图2-5可知，"科普中国"信息员整体活性较低，月活跃人数基本维持在注册人数的9.00%以下。2022年2月达到了最低值，最低时月度活性仅为2.77%。整体活性随时间增长。上半年"科普中国"信息员活性较低，一度维持在6%以下。6月之后是活性较高的时段，维持在7.00%左右。7月是2022年"科普中国"信息员活性的峰值，达到了8.04%（图2-5）。

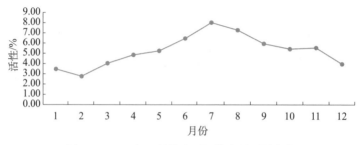

图2-5　2022年"科普中国"信息员活性变化

## 三、"科普中国"信息员的传播能力

"科普中国"信息员的传播能力是指"科普中国"信息员在注册后每月进行传播行为与"科普中国"信息员总量的比例,即传播量/"科普中国"信息员总量。

由图 2-6 可知,"科普中国"信息员的平均月传播量在 11 次以下,也就是说平均每位"科普中国"信息员在当月的传播次数低于 11 次。2022 年 7 月是"科普中国"信息员在当月的传播次数峰值,达到了 10.18 次/(人·月)。

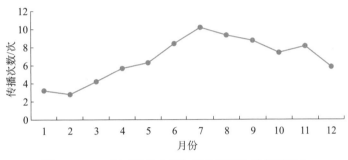

图 2-6 2022 年"科普中国"信息员平均月传播能力

## 第四节 "科普中国"信息员分地区发展情况

"科普中国"信息员在地区层面的发展整体较为稳定,不同的地区呈现出不同的发展模式与发展进程。如图 2-7 展示的 2022 年"科普中国"信息员在全国的数量现状(未包括港澳台地区数据)。可以明显看出,2022 年各省(自治区、直辖市)的"科普中国"信息员注册量出现了数量级上的差异。

"科普中国"信息员的发展受多方面因素影响,根据其注册量的变化趋势,可以将"科普中国"信息员的发展方式归为两类,即跳跃式发展和阶段式发展。

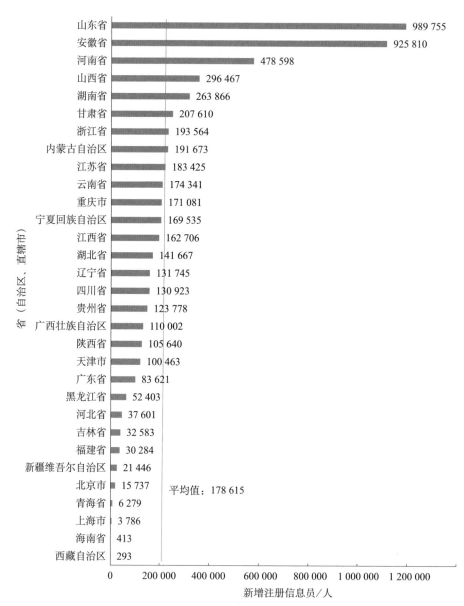

图 2-7  2022 年"科普中国"信息员分地区新增注册量数据

# 一、跳跃式发展

跳跃式发展几乎存在于所有省（自治区、直辖市）的"科普中国"信息员发展中，比较典型的有山西省、河南省和甘肃省。特征为：总体发展速度较慢，但是在集中的一两个月时间里发展迅速，发展速度往往是平时速度的 10 倍以上。

2022 年前 7 个月，山西省的"科普中国"信息员注册量并没有较大的变动。随后在 9 月产生了第一个注册高峰，注册人数高达约 2.78 万人。随后经 10 月的注册量回落，11 月再次产生了第二个注册量高峰，注册人数为约 3.37 万人。随后注册量直线下降，12 月的注册量为 1.31 万人（图 2-8）。

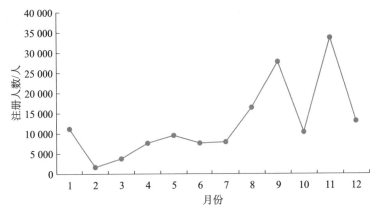

图 2-8 2022 年山西省的"科普中国"信息员当月注册量

河南省的注册量变化情况更加明显，2022 年的 12 个月中，仅存在一个注册高峰，即 12 月，注册人数高达约 16.87 万人。在其余时间月注册人数均小于 4 万人，峰值当月注册人数超过了总注册人数的 50%（图 2-9）。

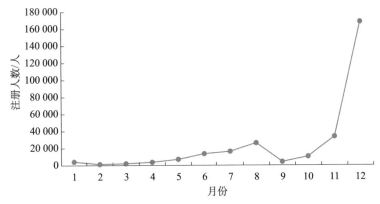

图 2-9 2022 年河南省的"科普中国"信息员当月注册量

同样的情况也发生在甘肃省的"科普中国"信息员注册量变化之中。甘肃省的主要注册时间为5月、9月与12月。绝大多数的注册用户集中在2022年12月内注册了"科普中国"信息员,12月的注册峰值最高达到20万人(图2-10)。

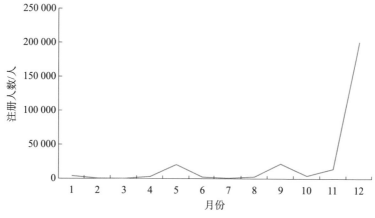

图2-10 2022年甘肃省的"科普中国"信息员当月注册量

## 二、阶段式发展

阶段式发展往往遵循发展周期,在一年中有多个注册峰值。以江西省为例,2022年出现了4个发展峰值,分别在3月、5月、9月和12月。另外,每个发展周期保持着相似的注册特征,发展上升期不会超过一个月,在峰值后的一个月均有大幅回落(图2-11)。

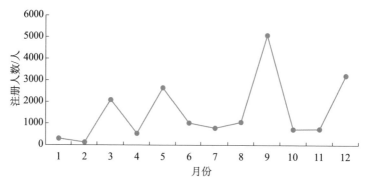

图2-11 2022年江西省的"科普中国"信息员当月注册量

类似的阶段式发展特征也出现在湖北省,其在2022年产生了三个峰值,分别出现在1月、8月与11月,峰值过后均有大幅回落(图2-12)。

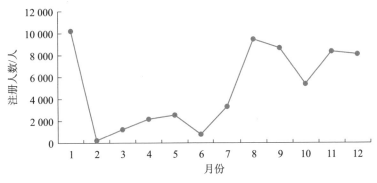

图2-12 2022年湖北省的"科普中国"信息员当月注册量

## 第五节 "科普中国"信息员发展情况

截至2022年底,"科普中国"信息员队伍达到1408.32万人,分享科普作品17.70亿余人次,有效打通了科普传播"最后一公里",成为服务基层群众的"移动科普中国e站",为提升公民科学素质做出了积极贡献。

### 一、"科普中国"信息员注册量恢复高速增长,总体数量上千万

截至2022年12月,"科普中国"信息员注册量为约1408.32万人,总体倾向为上升,从2017年约9.29万人的年注册量逐步上升到2022年约553.71万人的年注册量(图2-13)。

### 二、"科普中国"信息员的信息传播量达到了17.70亿人次,传播量上十亿

截至2022年12月,"科普中国"信息员的信息传播量累计达到了17.70亿

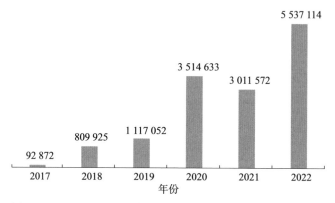

图 2-13　2017～2022 "科普中国" 信息员注册量（单位：人）

人次，总体倾向为逐年上升，2017 年传播量为约 36.01 万人次，2018 年传播量达到了约 1641.20 万人次，2019 年持续增长达到了约 7808.12 万人次，2020 年达到了约 3.28 亿人次，2021 年达到了约 4.12 亿人次，2022 年达到了约 9.34 亿人次，相比 2021 年传播量翻倍（图 2-14）。

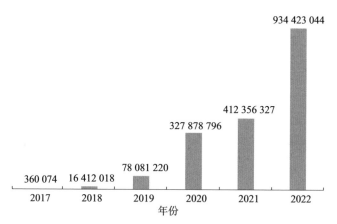

图 2-14　2017～2022 年 "科普中国" 信息员的信息传播量（单位：人次）

## 三、"科普中国" 信息员月活量在 2022 年持续大幅增长

"科普中国" 信息员的月度活跃是指其当月访问过 "科普中国" APP 新闻。"科普中国" 信息员月活量是指当月活跃的 "科普中国" 信息员的数量，总体倾向为逐年上升，2019 年月活量为约 119.84 万人，2020 年月活量为约 354.78

万人，2021 年月活量为约 384.00 万人，2022 年月活量为约 723.45 万人，相比 2021 年月活量增加了 88.40%（图 2-15）。

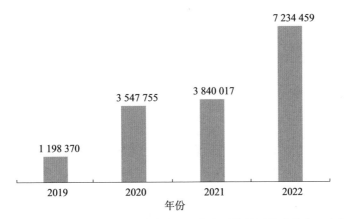

图 2-15　2019～2022 年"科普中国"信息员的月活量（单位：人）

# 第三章 ■■■■■■■
# "科普中国"公众满意度测评报告

"科普中国"公众满意度测评旨在调查和了解科普需求侧的公众评价意见，据此来检视和调整科普供给侧的资源投放重心，以持续提升"科普中国"品牌价值和服务质量。本报告以对科普工作者群体的分析替代了往年对不同职业人群的分析。

2022年的"科普中国"公众满意度测评延续了2021年的四个测评维度，根据收回的问卷数据对"科普中国"的公众总体满意度及分项满意度进行分析和评估。

## 第一节 公众满意度测评指标

根据"科普中国"的内容组织结构和互联网传播特点，"科普中国"公众满意度调查定位于面向广大用户群体的科普公共品及相关服务的满意度测评，测评采用网络问卷方式。完整的公众满意度测评体系见表3-1。

表3-1 "科普中国"公众满意度测评指标

| 模块 | | 指标 | 权重/% | 说明 |
|---|---|---|---|---|
| 满意度测评指标 | 内容（58%） | 科学性 | 18 | 对科普内容的科学性的满意度 |
| | | 趣味性 | 11 | 对科普内容的趣味性的满意度 |
| | | 丰富性 | 11 | 对科普内容的丰富性的满意度 |
| | | 有用性 | 12 | 对科普内容的有用性的满意度 |
| | | 时效性 | 6 | 对科普内容的时效性的满意度 |
| | 媒介（42%） | 便捷性 | 12 | 对访问科普内容的便捷程度的满意度 |
| | | 可读性 | 14 | 对科普图文/科普视频设计制作水平的满意度 |
| | | 易用性 | 16 | 对界面交互的易用性的满意度 |

续表

| 模块 | | 指标 | 权重/% | 说明 |
|---|---|---|---|---|
| 满意度<br>关联指标 | 效果 | 关注 | 25 | 增强对于科学的关注 |
| | | 兴趣 | 25 | 提升参与科学的兴趣 |
| | | 理解 | 25 | 加深对于科学的理解 |
| | | 观点 | 25 | 形成对于科学的观点 |
| | 信任 | 认知信任 | 50 | 在认知中表现出信任 |
| | | 情感信任 | 50 | 在社交型传播中表现出信任 |

测评体系包括内容、媒介、信任和效果四类满意度指标，从内容服务、信息媒介、品牌形象、科普效果四个方面反映公众对科普公共品及相关服务的满意度评价。其中，内容和媒介为满意度测评指标，用以加权计算满意度评分；效果和信任为满意度关联指标，从侧面反映影响满意度评分的潜在因素。

## 第二节 公众满意度测评结果

2022年"科普中国"公众满意度测评结果表明，公众对"科普中国"提供的科普公共品及相关服务的总体结果为"非常满意"；公众对"科普中国"内容的满意度高于对媒介的满意度；在效果方面，公众在"增强关注"方面的获得感高于在"产生兴趣""加深理解""形成观点"方面的获得感；在信任方面，公众自己对"科普中国"的信任（认知信任）高于他们把"科普中国"的内容分享给他人的信任行为意愿（情感信任）。

不同的公众群体对"科普中国"的满意度有所差异。分性别来看，男性公众的满意度更高；分年龄段来看，60岁以上公众的满意度更高；分受教育程度来看，大专受教育程度公众的满意度更高；科技工作者的满意度更高。

### 一、总体满意度评分为"非常满意"

2022年"科普中国"公众满意度评分如下：根据内容和媒介两项评分加权得到的满意度测评分是91.61分，由受访者直接给出的总体满意度评分是92.59

分。按照满意度评分的五档分级，加权满意度与总体满意度均落在 90～100 分，即"非常满意"（图 3-1）。

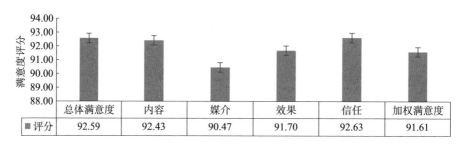

图 3-1　2022 年"科普中国"公众满意度评分

## 二、满意度分项评分中"认知信任"最高

从分项评分来看，公众对"科普中国"内容的满意度高于对媒介的满意度；公众对"科普中国"的满意度关联指标中，信任维度的满意度高于效果维度的满意度；具体到内容层面，公众对内容"科学性"与"丰富性"的满意度更高；具体到媒介层面，公众对界面交互"易用性"的满意度更高；具体到效果层面，公众在"增强对于科学的关注"方面的满意度更高；具体到信任层面，公众对"科普中国"的信任（自己相信）高于在传播方面的信任行为意愿（愿意推荐）（图 3-2）。

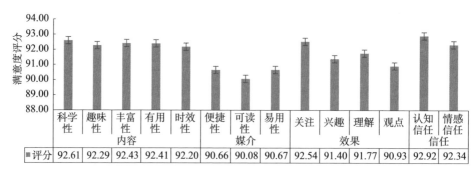

图 3-2　2022 年"科普中国"公众满意度分项评分

## 三、分群体满意度评分

针对不同性别、年龄、受教育程度和职业的受访者的问卷统计结果显示，

全部群体的满意度均达到了"满意"及以上标准。女性群体的满意度略低于男性群体，61岁及以上群体的满意度更高，大专受教育程度群体的满意度更高，科技工作者的满意度更高。18～25岁群体、硕士及以上受教育程度群体的满意度相对较低（图3-3）。

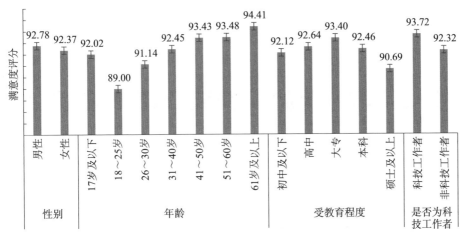

图 3-3　2022 年"科普中国"公众满意度分群体评分

### 1. 分性别来看，男性群体的满意度较高

男性群体对"科普中国"的总体满意度评分为 92.78，女性群体对"科普中国"的总体满意度评分为 92.37，男性群体的总体满意度评分略高于女性群体（图3-4、表3-2和表3-3）。

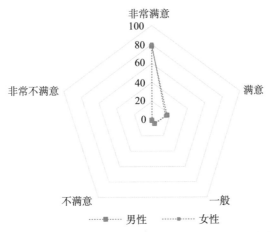

图 3-4　2022 年"科普中国"公众满意度分性别占比（单位：%）

表 3-2  2022 年"科普中国"分性别满意度占比  （单位：%）

|  | 男性 | 女性 |
|---|---|---|
| 非常满意 | 78.03 | 79.99 |
| 满意 | 16.88 | 15.08 |
| 一般 | 4.32 | 4.07 |
| 不满意 | 0.42 | 0.57 |
| 非常不满意 | 0.35 | 0.29 |

表 3-3  2022 年"科普中国"分性别满意度评分

| 性别 | 整体满意度 | 内容 | 媒介 | 效果 | 信任 | 加权满意度 |
|---|---|---|---|---|---|---|
| 男性 | 92.78 ± 0.1 | 92.68 ± 0.1 | 90.77 ± 0.13 | 92.01 ± 0.11 | 92.9 ± 0.11 | 91.88 ± 0.1 |
| 女性 | 92.37 ± 0.11 | 92.15 ± 0.1 | 90.15 ± 0.14 | 91.26 ± 0.12 | 92.33 ± 0.12 | 91.31 ± 0.11 |

### 2. 分年龄评分，26 岁及以上群体均非常满意

61 岁及以上群体对"科普中国"的总体满意度评分为 94.41，高于其他年龄段群体；17 岁及以下群体对"科普中国"的总体满意度评分为 92.02；26～30 岁群体对"科普中国"的总体满意度评分为 91.14；31～40 岁群体对"科普中国"的总体满意度评分为 92.45；41～50 岁群体对"科普中国"的总体满意度评分为 93.43；51～60 岁群体对"科普中国"的总体满意度评分为 93.48；18～25 岁群体对"科普中国"的总体满意度评分为 89.00，低于其他年龄段群体（图 3-5、表 3-4 和表 3-5）。

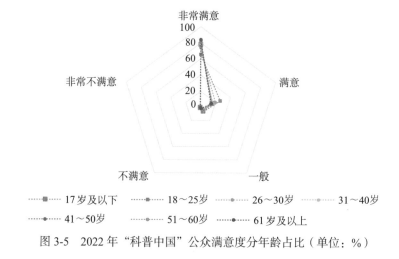

图 3-5  2022 年"科普中国"公众满意度分年龄占比（单位：%）

表 3-4 2022 年"科普中国"分年龄满意度占比 （单位：%）

| | 17 岁及以下 | 18～25 岁 | 26～30 岁 | 31～40 岁 | 41～50 岁 | 51～60 岁 | 61 岁及以上 |
|---|---|---|---|---|---|---|---|
| 非常满意 | 77.90 | 65.75 | 73.99 | 78.64 | 82.05 | 81.76 | 83.86 |
| 满意 | 15.42 | 26.03 | 19.62 | 16.22 | 13.80 | 14.78 | 14.55 |
| 一般 | 5.83 | 6.45 | 4.96 | 4.24 | 3.60 | 2.86 | 1.36 |
| 不满意 | 0.53 | 1.00 | 0.97 | 0.55 | 0.35 | 0.30 | 0.23 |
| 非常不满意 | 0.32 | 0.77 | 0.46 | 0.35 | 0.20 | 0.30 | 0.00 |

表 3-5 2022 年"科普中国"分年龄满意度评分

| 年龄 | 总体满意度 | 内容 | 媒介 | 效果 | 信任 | 加权满意度 |
|---|---|---|---|---|---|---|
| 17 岁及以下 | $92.02 \pm 0.2$ | $91.63 \pm 0.2$ | $88.75 \pm 0.26$ | $91.17 \pm 0.22$ | $91.46 \pm 0.22$ | $90.42 \pm 0.21$ |
| 18～25 岁 | $89 \pm 0.4$ | $88.46 \pm 0.38$ | $88.17 \pm 0.42$ | $87.93 \pm 0.42$ | $88.64 \pm 0.42$ | $88.34 \pm 0.37$ |
| 26～30 岁 | $91.14 \pm 0.32$ | $90.75 \pm 0.31$ | $90.29 \pm 0.34$ | $90.74 \pm 0.33$ | $91.7 \pm 0.32$ | $90.56 \pm 0.31$ |
| 31～40 岁 | $92.45 \pm 0.14$ | $92.37 \pm 0.14$ | $91.04 \pm 0.17$ | $92.06 \pm 0.15$ | $92.84 \pm 0.15$ | $91.81 \pm 0.14$ |
| 41～50 岁 | $93.43 \pm 0.13$ | $93.29 \pm 0.13$ | $91.23 \pm 0.18$ | $92.31 \pm 0.16$ | $93.52 \pm 0.14$ | $92.42 \pm 0.14$ |
| 51～60 岁 | $93.48 \pm 0.16$ | $93.59 \pm 0.15$ | $90.46 \pm 0.24$ | $91.8 \pm 0.21$ | $93.34 \pm 0.18$ | $92.28 \pm 0.17$ |
| 61 岁及以上 | $94.41 \pm 0.41$ | $94.36 \pm 0.4$ | $92.91 \pm 0.55$ | $93.07 \pm 0.56$ | $94.66 \pm 0.44$ | $93.75 \pm 0.43$ |

3. 分受教育程度来看，全部都为非常满意

大专受教育程度群体对"科普中国"的总体满意度评分为 93.40，高于其他受教育程度群体；硕士及以上受教育程度群体的总体满意度评分为 90.69；本科受教育程度群体的总体满意度评分为 92.46；高中受教育程度群体的总体满意度评分为 92.64；初中及以下受教育程度群体的总体满意度评分为 92.12（图 3-6、表 3-6 和表 3-7）。

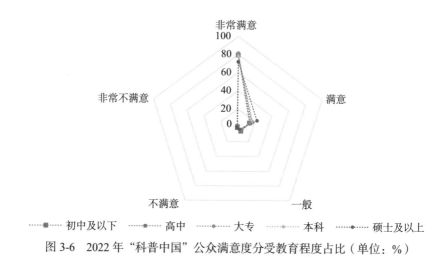

图 3-6 2022年"科普中国"公众满意度分受教育程度占比（单位：%）

表 3-6 2022年"科普中国"分受教育程度满意度占比 （单位：%）

|  | 初中及以下 | 高中 | 大专 | 本科 | 硕士及以上 |
|---|---|---|---|---|---|
| 非常满意 | 79.14 | 78.75 | 81.53 | 78.01 | 71.99 |
| 满意 | 13.87 | 16.32 | 14.70 | 17.49 | 22.63 |
| 一般 | 5.85 | 4.47 | 3.21 | 3.65 | 3.15 |
| 不满意 | 0.73 | 0.29 | 0.35 | 0.49 | 1.30 |
| 非常不满意 | 0.41 | 0.17 | 0.21 | 0.36 | 0.93 |

表 3-7 2022年"科普中国"分受教育程度满意度评分

| 受教育程度 | 总体满意度 | 内容 | 媒介 | 效果 | 信任 | 加权满意度 |
|---|---|---|---|---|---|---|
| 初中及以下 | 92.12 ± 0.17 | 91.81 ± 0.16 | 88.17 ± 0.23 | 90.77 ± 0.2 | 91.45 ± 0.19 | 90.28 ± 0.17 |
| 高中 | 92.64 ± 0.18 | 92.42 ± 0.17 | 90.06 ± 0.23 | 91.59 ± 0.21 | 92.4 ± 0.2 | 91.43 ± 0.18 |
| 大专 | 93.4 ± 0.14 | 93.27 ± 0.14 | 91.56 ± 0.18 | 92.55 ± 0.16 | 93.56 ± 0.15 | 92.55 ± 0.14 |
| 本科 | 92.46 ± 0.12 | 92.42 ± 0.12 | 91.49 ± 0.14 | 91.83 ± 0.13 | 93.02 ± 0.12 | 92.03 ± 0.12 |
| 硕士及以上 | 90.69 ± 0.6 | 90.47 ± 0.55 | 90.55 ± 0.62 | 89.6 ± 0.65 | 90.88 ± 0.63 | 90.5 ± 0.55 |

### 4. 科技工作者的总体满意度更高

科技工作者群体的总体满意度为93.72，非科技工作者的总体满意度为92.32，科技工作者的总体满意度略高（图3-7、表3-8和表3-9）。

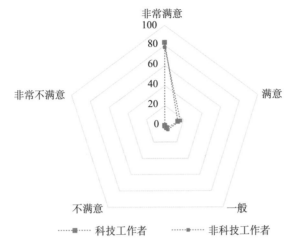

图 3-7　2022 年"科普中国"公众满意度分是否为科技工作者占比（单位：%）

表 3-8　2022 年"科普中国"科技工作者满意度占比　　（单位：%）

|  | 科技工作者 | 非科技工作者 |
|---|---|---|
| 非常满意 | 82.96 | 78.16 |
| 满意 | 13.73 | 16.44 |
| 一般 | 2.59 | 4.56 |
| 不满意 | 0.36 | 0.53 |
| 非常不满意 | 0.36 | 0.31 |

表 3-9　2022 年"科普中国"科技工作者满意度评分

| 是否为科技工作者 | 总体满意度 | 内容 | 媒介 | 效果 | 信任 | 加权满意度 |
|---|---|---|---|---|---|---|
| 非科技工作者 | 92.32 ± 0.08 | 92.14 ± 0.08 | 90.03 ± 0.11 | 91.31 ± 0.1 | 92.25 ± 0.09 | 91.25 ± 0.08 |
| 科技工作者 | 93.72 ± 0.15 | 93.68 ± 0.14 | 92.38 ± 0.19 | 93.13 ± 0.17 | 94.27 ± 0.15 | 93.13 ± 0.15 |

**5. 分地域来看，100 评分人以上地域中吉林省满意度最高**

在参与调查的 31 个省（自治区、直辖市，不含港澳台地区）中，黑龙江省、青海省、上海市、海南省、西藏自治区参与满意度调查的人数较少，不具有统计学意义。以 100 人参与问卷调查为限，超过 100 人的地区有 26 个。其中，吉林省对"科普中国"的总体满意度评分最高，为 95.40；山东省对"科普中国"的总体满意度评分为 94.32；江苏省对"科普中国"的总体满意度评分为 93.78；陕西省对"科普中国"的总体满意度评分最低，为 89.51。陕西省以外的地区对"科普中国"的评分均为"非常满意"（图 3-8）。

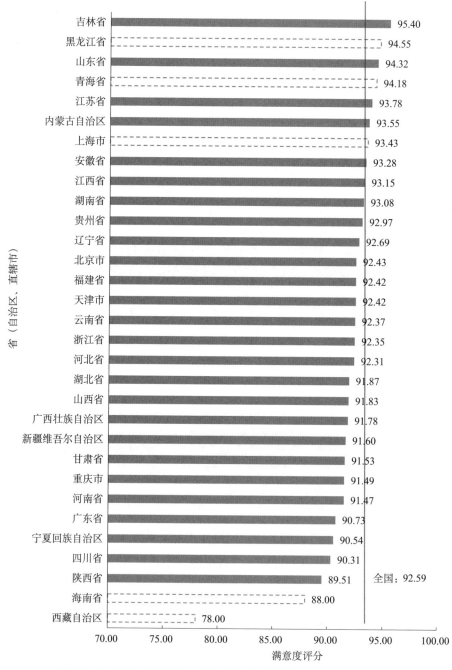

图 3-8  31 个省（自治区、直辖市）对"科普中国"的满意度评分

## 第三节 公众满意度人群画像

### 一、满意度影响因素分析

针对受访者分组的问卷统计结果，本报告通过皮尔逊相关系数[①]分析了性别、年龄、受教育程度等因素对"科普中国"总体满意度的影响。表 3-10 为 2022 年"科普中国"影响因素分析。

表 3-10　2022 年"科普中国"影响因素分析

| | 总体满意度 | 科学性 | 趣味性 | 丰富性 | 有用性 | 时效性 | 便捷性 | 可读性 | 易用性 | 关注 |
|---|---|---|---|---|---|---|---|---|---|---|
| 性别 | --** | --** | --** | --** | --** | --** | --** | --** | --** | --** |
| 年龄 | +++** | +++** | +++** | +++** | +++** | +++** | +++** | +++** | +++** | +++** |
| 受教育程度 | + | ++* | + | + | + | ++** | +++** | +++** | +++** | ++** |

| | 兴趣 | 理解 | 观点 | 认知信任 | 情感信任 | 内容维度 | 媒介维度 | 效果维度 | 信任维度 | 加权满意度 |
|---|---|---|---|---|---|---|---|---|---|---|
| 性别 | --** | | | | | | | | | |
| 年龄 | ++** | ++** | ++** | +++** | +++** | +++** | +++** | ++** | +++** | +++** |
| 受教育程度 | ++** | ++** | + | ++** | ++** | ++** | +++** | ++** | +++** | +++** |

　*表示显著性 $P < 0.05$，** 表示显著性 $P < 0.01$。"+"表示正向影响程度较低，"+++"表示正向影响程度较高。"−"表示负向影响程度较低，"−−"表示负向影响程度较高。

年龄、受教育程度三类因素均对用户对"科普中国"的满意度有显著的影响。用户的年龄对"科普中国"满意度的影响最大，年龄越高的用户对"科普中国"的满意度越高。同样的趋势也体现在受教育程度上：受教育程度越高的用户，对"科普中国"的满意度越高。但受教育程度对用户满意度的影响明显低于年龄对用户满意度的影响。性别因素对满意度的影响相对较低，男性对

---

[①]　皮尔逊相关系数是一种线性相关系数，用来反映两个变量的线性相关程度，系数介于 −1 到 1 之间，绝对值越大表明相关性越强。$P$ 表示系数的显著性，显著性是指系数是否具有统计学意义，也就是说，是否可用来进行数据分析、支持结论。通常以 $P = 0.05$ 作为显著性的阈值，$P$ 值越小代表数据越可信。

"科普中国"的满意度高于女性。

**1. 性别特征：男性满意度更高，更注重科普内容的科学性、时效性与可读性**

在针对满意度性别差异的分析中将性别变量量化，男性选项量化为1，女性选项量化为2。在数据分析中，若性别与满意度呈负相关，则意味着男性相对于女性对"科普中国"的满意度更高。

数据结果显示，一部分满意度的关注点呈现更加明显的性别特征：男性总体满意度高于女性，更加注重科普内容的科学性、时效性与可读性，相比于女性更愿意将内容分享给其他人。性别为"科普中国"满意度带来的不同，集中体现在对效果的满意度上：男性对"科普中国"传播效果的满意度明显高于女性，这种满意度的差异更细致地体现在对科普信息产生兴趣与理解上。同时，分析也显示出一部分"科普中国"的满意程度与用户性别的关系较弱。不同性别的用户对"科普中国"使用便捷程度的关注并无明显不同（图3-9）。

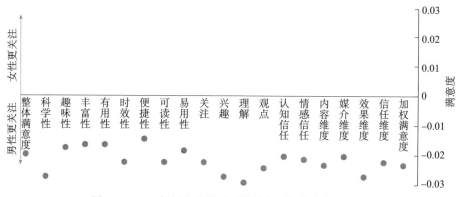

图3-9 2022年用户差异对"科普中国"满意度的影响

**2. 年龄特征：年长者更加满意，更注重"科普中国"的科学性、趣味性与丰富性**

从总体上看，年龄差异对满意度的影响整体大于性别对满意度的影响。

对不同年龄公众的满意度的分析显示，一部分满意度的关注点会更受用户年龄的影响：年长者总体满意度高于年轻人，他们更关注科普内容的科学性、趣味性与丰富性，同时十分注重获取科普信息的可读性。相比于年轻人，年长者更加关注他们阅览的内容是否使自己对科普产生了关注。在问卷的四个维度之中，"内容"这一维度相对于其他维度与年龄的相关性更高一些，意味着年龄差异对"科普中国"满意度的影响更多地体现在"科普中国"的内容上。也就是说，年长者倾向于对"科普中国"内容的满意度更高，而年轻人对"科普中国"的内容满意度并没有年长者那样高（图3-10）。

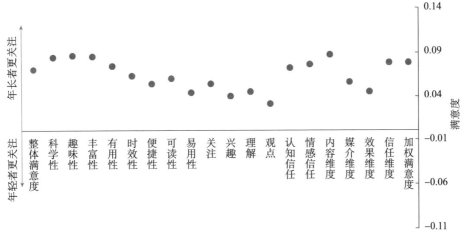

图 3-10　2022 年用户年龄对"科普中国"满意度的影响

### 3. 受教育程度特征：高受教育程度者满意度更高，更加重视易用性

从总体上看，受教育程度差异对满意度的影响整体小于年龄对满意度的影响。

用户对"科普中国"满意度的差异与其受教育程度的不同相关，高受教育程度用户对"科普中国"更加满意。受教育程度为用户满意度带来的不同体现在很多细节中：受教育程度较高的用户更关注科普内容的科学性和时效性，对"科普中国"媒介的便捷性、可读性与易用性更关注，更倾向于在"科普中国"中对科普内容产生关注并产生自己的理解。同时，用户的受教育程度也明显影响了其对"科普中国"品牌的信任，受教育程度较高的用户倾向于信任"科普中国"品牌，受教育程度较低的用户对"科普中国"的信任度相对较低（图3-11）。

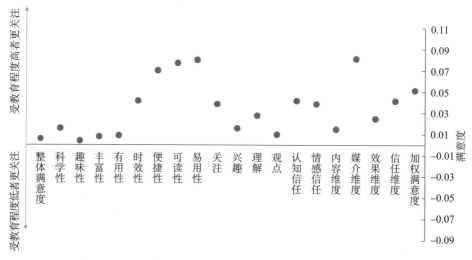

图 3-11　2022 年用户受教育程度对"科普中国"满意度的影响

# 二、满意度时序分析

将总体满意度等进行时序分析[①]，也就是随时间变化的分析，可以对以往不同人群在不同时期的满意度动态变化特征进行判断，以便对满意度的趋势、周期性、峰值有更深入的了解。同时，时序分析还能预测一部分满意度变化趋势。

## 1. 总体满意度随时间变化较大

对 2022 年 6 月 1 日～7 月 31 日的所有总体满意度数据进行局部加权回归分析得到如图 3-12 所示模型。从图中可得知，总体满意度在两个月中变化幅度较小，满意度在最高 93.39 至最低 92.11 之间变化，总体分数仍然在非常满意范围内。总体满意度评分在两个月中呈现相同的变化趋势，在月初与月末满意度评分均较高，在每个月中期满意度均降低。

① 本文使用了局部加权回归作为处理方式对数据进行了时序分析。普通的线性回归，是以线性的方法拟合出数据的趋势。但是对于有周期性、变化性的数据，并不能简单地以线性的方式拟合，否则模型会偏差较大，局部加权回归能较好地处理这种问题。它可以拟合出一条符合整体趋势的线，进而做出预测。局部加权回归的特征在于将数据按量等距离分割，分别进行线性回归，而后将线性回归结果综合形成一个整体模型。

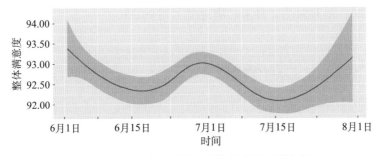

图 3-12　2022 年"科普中国"满意度时序分析

### 2. 不同性别的满意度随时间变化区别较大

根据分性别总体满意度数据局部加权回归分析得到如图 3-13 所示模型。从图中可知，不同性别的满意度在两个月中变化差别较大。女性的满意度最高为 93.04，最低为 91.96；男性的满意度最高为 93.01，最低为 92.52。总体而言，女性满意度变化幅度较大，男性满意度变化性较弱。

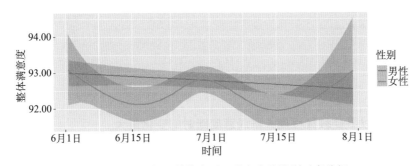

图 3-13　2022 年"科普中国"满意度分性别时序分析

女性满意度极差为 1.08，男性满意度极差为 0.49。结合图 3-13 可知，女性的满意度相对于男性的满意度变化较快，意味着女性对"科普中国"的总体变化更加关注，女性的满意度变化时男性的满意度几乎没有变化且多数时候满意度高于女性，这也从侧面证明女性群体对"科普中国"的负面关注度较高。

### 3. 18 岁以下群体满意度在不同时期的变化较大

根据分年龄总体满意度数据局部加权回归分析得到如图 3-14 所示模型。从图中可以看出，不同年龄段的群体满意度在两个月中变化的差别较小，仅有 17 岁及以下群体的满意度在两个月时间里波动较大，最低时为 7 月中旬，满意度达到90.00；最高时为7月末，满意度达到96.25。

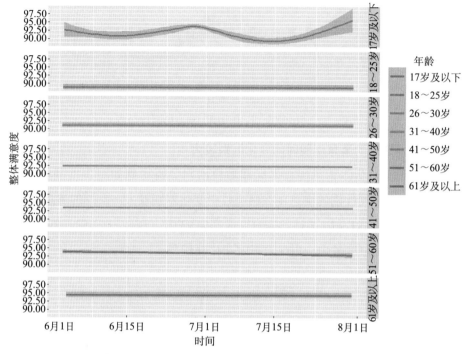

图3-14　2022年"科普中国"满意度分年龄时序分析

### 4. 初中以下受教育程度人群满意度随时间变化最大

根据不同受教育程度总体满意度数据局部加权回归分析得到如图3-15所示模型。从图中可知，初中及以下受教育程度群体的满意度在两个月中变化差别较大，最低时出现在6月中旬，满意度降到了90.60；最高时为6月末，满意度上升到了93.52。

### 5. 非科技工作者满意度随时间变化最大

根据是否为科技工作者划分的总体满意度数据局部加权回归分析得到如图3-16所示模型。从图中可知，非科技工作者群体的满意度在两个月中变化较大，最高时为6月1日，满意度为93.35；最低时为7月中旬，满意度下降到91.76。

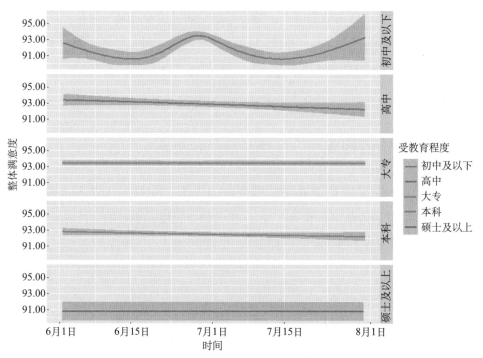

图 3-15 2022 年 "科普中国"满意度分受教育程度时序分析

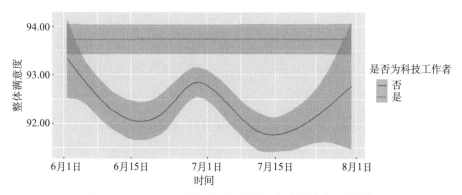

图 3-16 2022 年 "科普中国"科技工作者满意度时序分析

## 第四节 问卷数据说明

2022 年 6～7 月，本次 "科普中国"公众满意度问卷测评共收回有效问卷 28 734 份。经过问卷数据筛查，滤掉答题时间过长和过短的问卷，并删除基础问题回答矛盾的问卷，共保留 25 117 份有效问卷，问卷有效比例为 87.41%。问卷筛查条件是：①答题时长介于 30～300 秒；②年龄、受教育程度无明显互斥性。

## 一、受访者构成

在 25 117 位有效受访者中，男性 13 255 人，女性 11 862 人；按年龄，31～40 岁的受访者最多，有 6867 人；按受教育程度，本科的受访者最多，有 8854 人；科技工作者 4755 人，非科技工作者 20 362 人（图 3-17）。

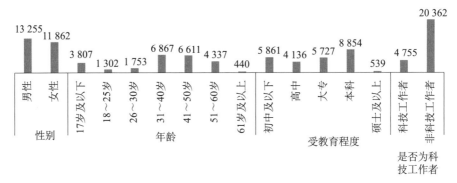

图 3-17　2022 年"科普中国"公众满意度有效问卷的受访者构成

## 二、有效问卷评分描述统计（95%CI）

本次有效问卷评分描述见表 3-11。

表 3-11　2022 年有效问卷评分描述统计（95%CI）

|  | 平均值 | 标准误差 | 标准差 | 方差 | 95% 平均值的置信区间下限 | 95% 平均值的置信区间上限 |
|---|---|---|---|---|---|---|
| 总体满意度 | 92.59 | 0.07 | 11.82 | 139.72 | 92.44 | 92.73 |
| 科学性 | 92.61 | 0.08 | 12.02 | 144.54 | 92.46 | 92.75 |
| 趣味性 | 92.29 | 0.08 | 12.48 | 155.87 | 92.13 | 92.44 |
| 丰富性 | 92.43 | 0.08 | 12.31 | 151.51 | 92.28 | 92.59 |

续表

| | 平均值 | 标准误差 | 标准差 | 方差 | 95% 平均值的置信区间下限 | 95% 平均值的置信区间上限 |
|---|---|---|---|---|---|---|
| 有用性 | 92.41 | 0.08 | 12.27 | 150.47 | 92.26 | 92.56 |
| 时效性 | 92.2 | 0.09 | 13.51 | 182.44 | 92.03 | 92.36 |
| 便捷性 | 90.66 | 0.1 | 15.71 | 246.73 | 90.47 | 90.86 |
| 可读性 | 90.08 | 0.1 | 16.21 | 262.76 | 89.88 | 90.28 |
| 易用性 | 90.67 | 0.1 | 16.02 | 256.54 | 90.48 | 90.87 |
| 关注 | 92.54 | 0.08 | 13.21 | 174.45 | 92.37 | 92.7 |
| 兴趣 | 91.4 | 0.09 | 14.59 | 212.9 | 91.22 | 91.58 |
| 理解 | 91.77 | 0.09 | 14.09 | 198.6 | 91.59 | 91.94 |
| 观点 | 90.93 | 0.09 | 14.9 | 222.15 | 90.74 | 91.11 |
| 认知信任 | 92.92 | 0.08 | 12.59 | 158.55 | 92.76 | 93.07 |
| 情感信任 | 92.34 | 0.09 | 13.68 | 187.14 | 92.17 | 92.51 |
| 内容 | 92.43 | 0.07 | 11.31 | 127.92 | 92.29 | 92.57 |
| 媒介 | 90.47 | 0.09 | 14.98 | 224.49 | 90.29 | 90.66 |
| 效果 | 91.66 | 0.08 | 13.34 | 177.91 | 91.49 | 91.82 |
| 信任 | 92.63 | 0.08 | 12.56 | 157.8 | 92.47 | 92.79 |
| 加权满意度 | 91.61 | 0.07 | 11.77 | 138.62 | 91.46 | 91.75 |

## 三、分群体总体满意度评分描述统计（95%CI）

本次有效问卷分群体总体满意度评分描述见表 3-12。

表 3-12 2022 年分群体总体满意度评分描述统计（95%CI）

| | 平均值 | 平均值标准误差 | 标准差 | 方差 | 95% 平均值的置信区间下限 | 95% 平均值的置信区间上限 |
|---|---|---|---|---|---|---|
| 男性 | 92.78 | 0.1 | 11.72 | 137.37 | 92.58 | 92.98 |
| 女性 | 92.37 | 0.11 | 11.93 | 142.26 | 92.15 | 92.58 |
| 17 岁及以下 | 92.02 | 0.2 | 12.58 | 158.3 | 91.62 | 92.42 |
| 18～25 岁 | 89 | 0.4 | 14.55 | 211.61 | 88.21 | 89.79 |
| 26～30 岁 | 91.14 | 0.32 | 13.23 | 175.1 | 90.52 | 91.76 |
| 31～40 岁 | 92.45 | 0.14 | 12.01 | 144.19 | 92.16 | 92.73 |

续表

| | 平均值 | 平均值标准误差 | 标准差 | 方差 | 95% 平均值的置信区间下限 | 95% 平均值的置信区间上限 |
|---|---|---|---|---|---|---|
| 41～50 岁 | 93.43 | 0.13 | 10.82 | 117.07 | 93.17 | 93.7 |
| 51～60 岁 | 93.48 | 0.16 | 10.7 | 114.44 | 93.16 | 93.8 |
| 61 岁及以上 | 94.41 | 0.41 | 8.69 | 75.46 | 93.6 | 95.22 |
| 初中及以下 | 92.12 | 0.17 | 12.93 | 167.16 | 91.79 | 92.45 |
| 高中 | 92.64 | 0.18 | 11.38 | 129.4 | 92.29 | 92.98 |
| 大专 | 93.4 | 0.14 | 10.73 | 115.03 | 93.12 | 93.68 |
| 本科 | 92.46 | 0.12 | 11.76 | 138.3 | 92.22 | 92.71 |
| 硕士及以上 | 90.69 | 0.6 | 13.93 | 194.05 | 89.51 | 91.87 |
| 科技工作者 | 93.72 | 0.15 | 10.67 | 113.76 | 93.41 | 94.02 |
| 非科技工作者 | 92.32 | 0.08 | 12.06 | 145.42 | 92.16 | 92.49 |

第二篇

互联网科普舆情数据报告

　　互联网科普舆情研究通过对全网科普大数据的抓取与分析，了解网民关注的科普领域热点，通过对重点、热点科普事件发生时的科普舆情开展多维度分析，解读事件发酵的传播路径与公众态度，为相关部门决策提供科学依据和支持。本报告的数据源由人民网舆情数据中心提供，从数据与报告特征来看，数据源突出了各个时间段的热点科普事件与辟谣事件。

# 第四章 ■■■■■■
# 互联网科普舆情数据报告内容框架

为了获取数据，人民网舆情数据中心监测了网络新闻、报刊、论坛博客、微信、微博、APP新闻共六大平台的海量数据。本研究相关报告的数据抓取即以此为背景，根据提前选定的八大科普领域种子词，通过技术手段对全网六大来源的相关科普数据进行抓取，结合人工分析形成科普舆情研究报告。科普舆情研究报告共有三种呈现形式，分别是舆情月度数据、研究季报与研究年报。

## 第一节 科普领域主题及监测媒介范围

在本次科普舆情研究中，首先确定了八大科普领域主题及其种子词库。八大科普领域主题分别是健康舆情、能源利用、生态环境、前沿科技、航空航天、应急避难、食品安全、伪科学舆情。每个科普领域主题下都有相应的种子词库，种子词库每月进行迭代更新。此外，根据科普舆情研究的领域，人民网舆情数据中心确定了监测媒介平台类别，通过技术手段为这些科普媒介平台打上科普标签，建立科普舆情监测的媒介平台范围，并定期进行迭代更新。通过技术手段对不同媒介平台科普信息的用户群体特征、科普信息量及用户阅览评价指标（如粉丝数、文章数、阅读数、评论数、转发数、点赞数等）、重点热点科普信息的传播路径等内容进行抓取分析，以文字、图示、趋势图等形式进行呈现，形成舆情月度数据、研究季报与研究年报。

## 第二节 互联网科普舆情报告的内容结构

互联网科普舆情报告主要通过"数据自动抓取 + 人工阅览分析"的方式来形成。报告形式包括三种：月度数据、研究季报与研究年报。

### 一、科普舆情月度数据的内容结构

科普舆情月度数据主要包括三个部分，分别是：科普舆情数据、"科普中国"舆情数据、科普热点事件与谣言。

（1）科普舆情数据。主要通过对网络新闻、报刊、论坛博客、微信、微博、APP 新闻六大平台的相关科普信息进行抓取分析，统计不同平台的科普信息量。同时对不同主题的科普舆情进行统计分析，将科普舆情主题与六大平台的舆情信息量进行交叉分析。

（2）"科普中国"舆情数据。主要通过对网络新闻、报刊、论坛博客、微信、微博、APP 新闻六大平台的相关"科普中国"信息进行抓取分析，统计不同平台的"科普中国"信息量，同时对不同主题的"科普中国"舆情进行统计分析。

（3）科普热点事件与谣言。对科普热点事件的统计与描述具体包括每月热点事件内容、热点事件发生前 7 天至发生后 14 天的相关舆情数量。对科普热门谣言事件进行的统计具体包括每月热门谣言内容、谣言所在当月的相关舆情数量。

### 二、科普舆情季报的内容结构

科普舆情季报主要包括五个部分，分别是：舆情数据、科普热点事件、热点谣言与辟谣、科普行业观点、舆情研判建议。

（1）舆情数据。主要通过对网络新闻、报刊、论坛博客、微信、微博、APP 新闻六大平台的相关科普信息进行抓取分析，统计不同平台的科普信息量和百分比占比情况。对六大平台不同数量的信息条数用柱状图来呈现，对其不同的百分比占比情况用饼图来呈现。

（2）科普热点事件。对科普热点事件的陈述与分析具体包括舆情概述、媒体报道内容解析。

（3）热点谣言与辟谣。对科普辟谣事件进行的解析具体包括辟谣事件的传播情况、谣言与真相、真相来源。

（4）科普行业观点。对当季的科普行业内观点及意见建议进行解析。

（5）舆情研判建议。对当季的舆情形势进行解析并提出相应的应对策略。

## 三、科普舆情年报的内容结构

科普舆情年报在全年数据收集的基础上撰写而成，数据量更大，周期更长，相关结论和季报也略有不同。

本研究采用文本分析法，共包括月度数据分析、4 期科普舆情季报和 1 期科普舆情年报。研究首先对月报和季报采用统计学的方法进行取样，参考 1 期年报的相关内容，对样本中的相关数据结论进行分析，形成规律性认识。另对 8 篇专报中的热点事件进行统计学分析。

# 第五章
## 互联网科普舆情月度数据分析

纵观 2022 年 12 个月的科普舆情月报，可以从中发现一些规律，以下分别进行阐述。

### 第一节　科普舆情月度数据分析

### 一、APP 新闻、微信、网络新闻的舆情数量基本稳定保持在前三名

如图 5-1 所示，APP 新闻、微信、网络新闻三个平台在长期的稳定状态中保持在前三名，微博平台的舆情信息量波动较大，在多数时间排在第四名，但是在微博舆情量最高的 4 月达到了 160.83 万条，远超当月其他平台的舆情量。报刊与论坛博客的舆情量稳定排在第五和第六名。

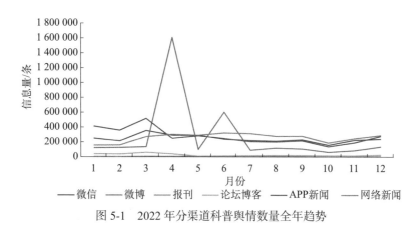

图 5-1　2022 年分渠道科普舆情数量全年趋势

## 二、前沿科技与生态环境主题的科普舆情始终位列第一、第二位

如图 5-2 所示 2022 年 12 个月的科普主题趋势排名可以看出，不同主题的科普舆情可以分为三个梯队：前沿科技与生态环境主题科普舆情始终位列第一、第二名，属于第一梯队。其中，科普舆情数量单月最多的主题是生态环境，在 2 月达到了 293.11 万条。航空航天、健康舆情、应急避难与能源利用主题的科普舆情数量作为第二梯队稳定排在第三名到第六名，单月科普舆情量在85 万条至 250 万条。第三梯队的食品安全与伪科学舆情两个主题相较前几个主题的科普舆情数量较少，单月舆情量均少于 50 万条。

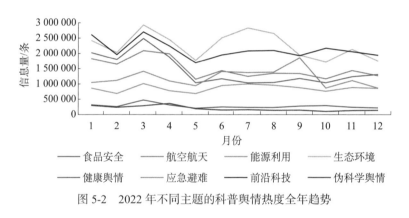

图 5-2　2022 年不同主题的科普舆情热度全年趋势

## 三、不同主题的舆情信息在传播渠道上有较强的指向性

从不同主题的舆情传播渠道来看，不同主题的舆情信息在传播渠道上有较强的指向性。舆情信息的传播在传播渠道上的分布在部分主题之间有相似性。

食品安全与健康舆情的主要传播渠道有三个，分别是微博、网络新闻与APP 新闻；航空航天与生态环境主题舆情的主要传播渠道为网络新闻、APP 新闻、微博与微信。论坛博客渠道有少量舆情出现，报刊渠道几乎没有。能源利用与前沿科技舆情的主要传播渠道为网络新闻、APP 新闻与微博。在应急避难和伪科学舆情方面，微博几乎是唯一的传播渠道（图 5-3）。

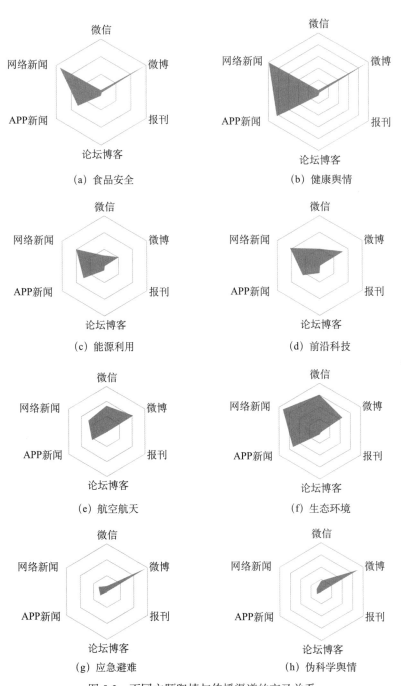

(a) 食品安全

(b) 健康舆情

(c) 能源利用

(d) 前沿科技

(e) 航空航天

(f) 生态环境

(g) 应急避难

(h) 伪科学舆情

图 5-3　不同主题舆情与传播渠道的交叉关系

## 第二节 "科普中国"舆情月度数据分析

### 一、微博、微信、APP 三个平台的新闻"科普中国"舆情数量保持在前三名

如图 5-4 所示，微博、微信、APP 新闻三个平台的"科普中国"舆情数量在全年中稳定保持在前三名，微博平台的舆情信息量波动较大，在 12 个月中有 8 个月的"科普中国"舆情数量排名第一，其中 1 月的微博平台是单平台单月"科普中国"舆情数量最高，达到了 30 151 条，远超当月其他平台的舆情量。微信平台的"科普中国"舆情数量稳定在前两名，在 12 个月中有 4 个月排名第一，其余月份排名第二。APP 新闻平台的"科普中国"舆情数量在 12 个月中有 10 个月排名第三。网络新闻平台的"科普中国"舆情数量稳定在第三和第四名，在 12 个月中有 10 个月排名第四，有两个月排名第三。报刊与论坛博客的"科普中国"舆情量几乎没有（图 5-4）。

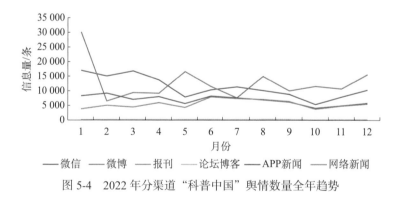

图 5-4  2022 年分渠道"科普中国"舆情数量全年趋势

### 二、生态环境、航空航天与健康舆情主题的科普舆情量较高

如图 5-5 所示 2022 年 12 个月的"科普中国"舆情主题趋势排名可以看出，

不同主题的科普舆情有较大的波动，其中最高的为 12 月的健康舆情，达到了 101.87 万条；7 月的生态环境舆情排名第二，达到了 100.75 万条；4 月的航空航天舆情排名第三，达到了 64.94 万条。

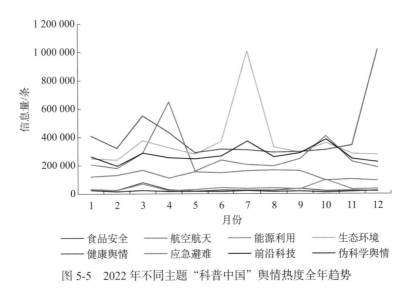

图 5-5　2022 年不同主题"科普中国"舆情热度全年趋势

## 第三节　月度热点事件与谣言数据分析

### 一、2022 年第二季度是热点舆情事件传播的高峰期

热点事件舆情数据记录了 2022 年各月科普领域传播上的前三名热点事件相关舆情数据，数据反映了热点事件发生前 7 天至发生后 14 天的六大平台舆情数量。

从热点事件的舆情数量比较来看，4 月、5 月与 6 月是热点舆情事件传播的高峰期。其中 4 月的"中国航天日"相关科普舆情以 456.20 万条的数量成为全年相关舆情数量最多的热点事件，远超全年其他热点事件的舆情传播量。1 月、7 月、8 月与 10 月是热点事件舆情传播的低谷期，当月排名前三的热点事件舆情传播数量均低于 1 万条（图 5-6）。

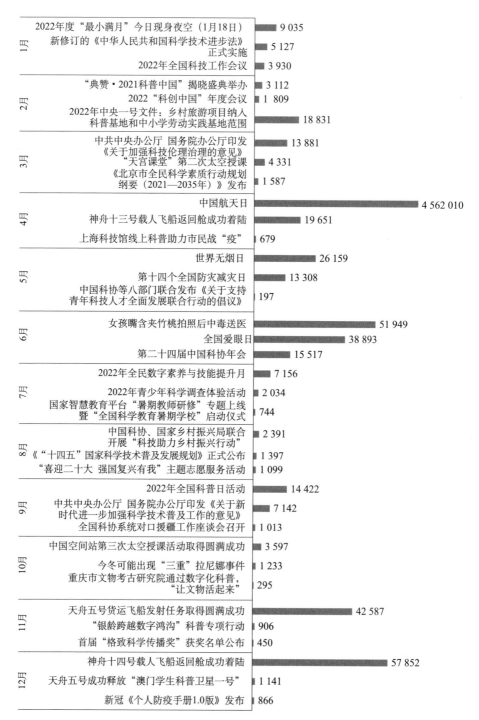

**图 5-6 2022 年热点事件舆情传播量（单位：条）**

## 二、2022年2月、4月、9月与12月是热门谣言舆情传播的高峰期

热门谣言舆情数据记录了2022年各月科普领域传播上的热门谣言相关舆情数据，数据反映了热点事件在当月的全平台舆情数量。

从热门谣言的舆情数量比较来看，2月、4月、9月与12月是热门谣言舆情传播的高峰期。其中12月的"早阳早好"相关科普舆情以12.48万条的数量成为全年相关舆情数量最多的热门谣言，与当月排名第二的"盐水漱口可以预防新冠病毒"谣言一并远超全年其他热点事件的舆情传播量。1月、3月、5月、7月、8月与10月是热点事件舆情传播的低谷期，当月排名前三的热点事件舆情传播数量均低于1000条（图5-7）。

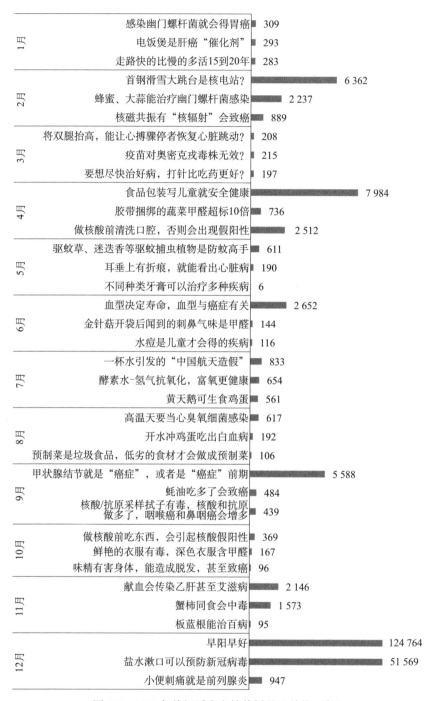

| 月 | 谣言 | 传播量 |
|---|---|---|
| 1月 | 感染幽门螺杆菌就会得胃癌 | 309 |
| | 电饭煲是肝癌"催化剂" | 293 |
| | 走路快的比慢的多活15到20年 | 283 |
| 2月 | 首钢滑雪大跳台是核电站? | 6 362 |
| | 蜂蜜、大蒜能治疗幽门螺杆菌感染 | 2 237 |
| | 核磁共振有"核辐射"会致癌 | 889 |
| 3月 | 将双腿抬高,能让心搏骤停者恢复心脏跳动? | 208 |
| | 疫苗对奥密克戎毒株无效? | 215 |
| | 要想尽快治好病,打针比吃药更好? | 197 |
| 4月 | 食品包装写儿童就安全健康 | 7 984 |
| | 胶带捆绑的蔬菜甲醛超标10倍 | 736 |
| | 做核酸前清洗口腔,否则会出现假阳性 | 2 512 |
| 5月 | 驱蚊草、迷迭香等驱蚊捕虫植物是防蚊高手 | 611 |
| | 耳垂上有折痕,就能看出心脏病 | 190 |
| | 不同种类牙膏可以治疗多种疾病 | 6 |
| 6月 | 血型决定寿命,血型与癌症有关 | 2 652 |
| | 金针菇开袋后闻到的刺鼻气味是甲醛 | 144 |
| | 水痘是儿童才会得的疾病 | 116 |
| 7月 | 一杯水引发的"中国航天造假" | 833 |
| | 酵素水-氢气抗氧化,富氧更健康 | 654 |
| | 黄天鹅可生食鸡蛋 | 561 |
| 8月 | 高温天要当心臭氧细菌感染 | 617 |
| | 开水冲鸡蛋吃出白血病 | 192 |
| | 预制菜是垃圾食品,低劣的食材才会做成预制菜 | 106 |
| 9月 | 甲状腺结节就是"癌症",或者是"癌症"前期 | 5 588 |
| | 蚝油吃多了会致癌 | 484 |
| | 核酸/抗原采样拭子有毒,核酸和抗原做多了,咽喉癌和鼻咽癌会增多 | 439 |
| 10月 | 做核酸前吃东西,会引起核酸假阳性 | 369 |
| | 鲜艳的衣服有毒,深色衣服含甲醛 | 167 |
| | 味精有害身体,能造成脱发,甚至致癌 | 96 |
| 11月 | 献血会传染乙肝甚至艾滋病 | 2 146 |
| | 蟹柿同食会中毒 | 1 573 |
| | 板蓝根能治百病 | 95 |
| 12月 | 早阳早好 | 124 764 |
| | 盐水漱口可以预防新冠病毒 | 51 569 |
| | 小便刺痛就是前列腺炎 | 947 |

图 5-7　2022 年热门谣言舆情传播量(单位:条)

# 第六章 ■■■■■

## 互联网科普舆情数据季报分析

互联网科普舆情季报主要包括三个部分，分别是：分平台传播数据、总发文数走势图、十大科普主题热度指数排行。纵观 2022 年四个季度的科普舆情季报，我们可以从中发现一些规律，以下分别进行阐述。

## 第一节 互联网科普舆情季报数据分析

### 一、微博和微信占全部媒介平台科普舆情信息量的 65%

微博和微信的科普舆情信息量在六大平台中主要排名在前两位。APP 新闻的科普信息总量基本居前三位，网络新闻偶尔与 APP 新闻占比持平。但从总的数量来看，位列前三名的媒介平台仍以微博、微信、APP 新闻为主（图 6-1）。总体而言，微博和微信两个平台的科普舆情信息量合计达到了 1402.28 万篇，约占全部媒介平台科普舆情信息量的 65%。

### 二、四个季度中热度较高的前三位科普主题分别是前沿科技、航空航天、生态环境

通过对 2022 年四个季度的季报进行数据分析可以发现，在科普主题中，热度指数综合排名前三位的主要是前沿科技、航空航天、生态环境主题。其

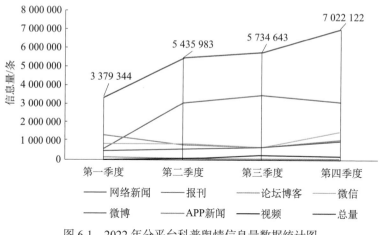

图 6-1　2022 年分平台科普舆情信息量数据统计图

中，前沿科技主题在四个季度中始终排在第一位，航空航天排在第二位或第四位，生态环境主题大部分稳定在第三位，偶尔排在第二位（图 6-2）。

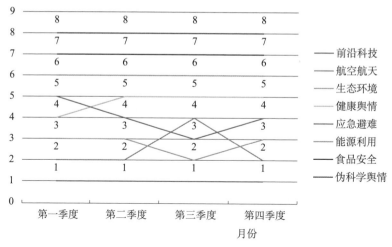

图 6-2　2022 年分主题科普舆情信息量排名

## 三、四个季度中热度较高的地方科普传播热区分别是上海市、北京市

通过对 2022 年四期季报中地方科普传播热区的统计和分析可以看出，上海市和北京市在四个季度中稳定排名在前两位，上海市始终排在第一位，北京市始终位列第二名。

## 第二节 互联网科普舆情季报案例分析

全年共 4 期互联网科普舆情季报，这里选取第一季度与第三季度的季报作为案例进行分析。

### 一、2022 年第一季度互联网科普舆情季报

#### （一）本季度舆情概况

2022 年第一季度，APP 新闻、微信和微博是科普信息的主要传播渠道；从领域来看，前沿科技、航空航天和生态环境的热度较高；从地域来看，上海市、北京市、辽宁省、河北省和广东省在科普传播工作方面最突出。新修订的《中华人民共和国科学技术进步法》正式实施、"典赞·2021 科普中国"揭晓盛典举办、《北京市全民科学素质行动规划纲要（2021—2035 年）》发布、"天宫课堂"第二次太空授课是本季度热点科普话题。

数据显示，涉及科普的网络新闻为约 46.85 万篇（含转载，下同），报刊约 1.80 万篇，论坛博客约 14.56 万篇，微信约 84.05 万篇，微博约 58.94 万条，APP 新闻约 131.73 万篇（图 6-3）。在本季度全网科普信息传播中，APP 新闻和微信是主要的传播渠道，分别占比 39% 和 25%；微博和网络新闻的传播量也较为突出，分别占比 17% 和 14%；此外，论坛博客和报刊的传播量显著低于其他平台，分别占比 4% 和 1%（图 6-4）。

#### （二）热点事件解读

**1. 新修订的《中华人民共和国科学技术进步法》正式实施**

2022 年 1 月 1 日，时隔 14 年后再度修订的《中华人民共和国科学技术进步法》正式实施。相关报道在本季度的全网传播量为：网络新闻 2227 篇，论坛博客 476 篇，报刊 94 篇，微博 502 条，微信 3240 篇，APP 新闻 2233 篇（图 6-5）。

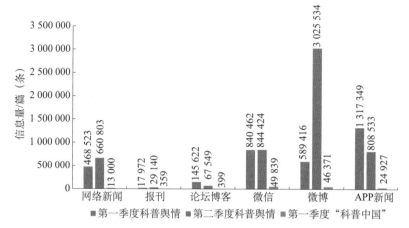

图 6-3　2022 年第一季度和第二季度科普舆情数据对比

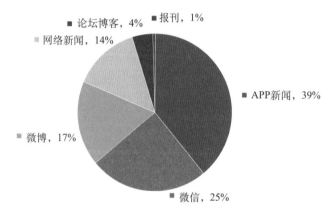

图 6-4　2022 年第一季度科普相关舆情信息平台分布图

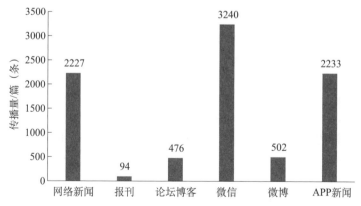

图 6-5　2022 年第一季度"新修订的《中华人民共和国科学技术进步法》正式实施"
相关科普信息分平台传播量数据图

### 2.“典赞·2021科普中国”揭晓盛典举办

2022年2月14日，"典赞·2021科普中国"揭晓盛典特别节目在CCTV10科教频道播出，现场揭晓2021年度十大科普人物、十大科普作品、十大科普事件和十大科学辟谣榜，相关动态引发媒体集中关注。相关报道在本季度的全网传播量为：网络新闻1196篇，报刊25篇，论坛博客28篇，微信1302篇，微博390条，APP新闻1732篇（图6-6）。

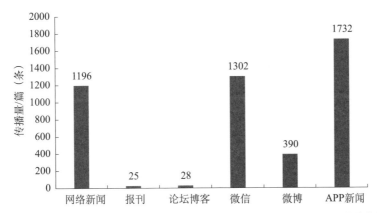

图6-6  2022年第一季度"'典赞·2021科普中国'揭晓盛典举办"相关科普信息
分平台传播量数据图

### 3.《北京市全民科学素质行动规划纲要（2021—2035年）》发布

2022年3月17日，《北京市全民科学素质行动规划纲要（2021—2035年）》发布。第十一次中国公民科学素质抽样调查结果显示，2020年北京市公民具备科学素质的比例达到24.07%，完成了"十三五"发展目标，位于创新型国家的较高水平，接近科技强国水平。相比"十二五"末的17.56%增幅6.51%，居全国首位。相关报道在本季度的全网传播量为：网络新闻789篇，报刊25篇，论坛博客60篇，微信347篇，微博189条，APP新闻872篇（图6-7）。

### 4.“天宫课堂”第二次太空授课

2022年3月23日下午，由中国载人航天工程办公室联合中国科协、教育部、科技部、中央广播电视总台共同开展的"天宫课堂"第二次太空授课。这次太空授课活动在中国科学技术馆设地面主课堂，在西藏拉萨、新疆乌鲁木齐设两个地面分课堂。相关报道在本季度的全网传播量为：网络新闻1512篇，微信478篇，微博696条，APP新闻1451篇（图6-8）。

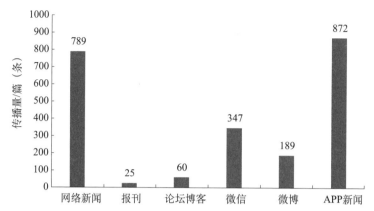

图6-7 2022年第一季度"《北京市全民科学素质行动规划纲要（2021—2035年）》
发布"相关科普信息分平台传播量数据图

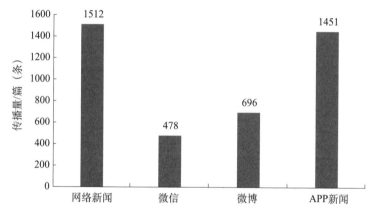

图6-8 2022年第一季度"'天宫课堂'第二次太空授课"相关科普信息
分平台传播量数据图

## （三）科学辟谣热点

表6-1为2022年第一季度科学辟谣热点。

表6-1 2022年第一季度科学辟谣热点

| 序号 | 谣言名称 | 辟谣媒体/机构单位 |
| --- | --- | --- |
| 1 | 天津疫情确诊1393人 | 天津辟谣 |
| 2 | 西安确诊人群超一半在核酸检测时感染<br>800多人被拉定边沙漠隔离 | 中国互联网联合辟谣平台 |
| 3 | 汤加火山爆发导致2022年"无夏"<br>火山灰将飘到中国 | 中科院之声、央视网微博 |

续表

| 序号 | 谣言名称 | 辟谣媒体/机构单位 |
|---|---|---|
| 4 | 大陆将开放进口日本"核食" | 新华社 |
| 5 | 中国小伙被骗至柬埔寨当"血奴"已病危 | 中华人民共和国驻柬埔寨王国大使馆 |
| 6 | 首钢滑雪大跳台是核电站 | 北京冬奥组委 |
| 7 | 钟南山：支架！生命进入倒计时！ | 中国互联网联合辟谣平台 |
| 8 | 电商平台售卖藏羚羊绒 | 国家林草局野生动植物保护司 |
| 9 | 三星堆是外星文明 | 央视新闻 |
| 10 | 3月15日的漫天黄沙是因"三北"防护林开口子吹来的 | 中国青年报 |
| 11 | 地暖辐射可致癌 | 头条辟谣 |
| 12 | 有生育经验的女性，不用太在意孕检产检 | 科学辟谣 |
| 13 | 空气炸锅做菜不健康，还有致癌风险 | 科学辟谣 |
| 14 | 喝电热水壶烧的水，可能导致重金属超标 | 头条辟谣 |
| 15 | 天文美图全是为了好看加滤镜PS出来的 | 科学辟谣 |
| 16 | 冰箱冷藏室上热下冷，爱坏的菜要往下放 | 科学辟谣 |
| 17 | 老人跌倒能自己爬起来就说明没事 | 头条辟谣 |
| 18 | 独柱墩桥有风险，应当弃用 | 科学辟谣 |
| 19 | "吊脖子"能治疗颈椎病 | 头条辟谣 |
| 20 | 核磁共振有"核辐射"会致癌 | 头条辟谣 |
| 21 | 蜂蜜、大蒜能治疗幽门螺杆菌感染 | 头条辟谣 |
| 22 | 自发热内衣是虚假宣传 | 科学辟谣 |
| 23 | 喝骨头汤能预防骨质疏松 | 人民网 |
| 24 | 酒量可以练出来 | 人民网 |
| 25 | 微波炉加热食物致癌、辐射伤身 | 人民网 |
| 26 | HPV疫苗会导致怀孕 | 科学辟谣 |
| 27 | 疫苗对奥密克戎毒株无效 | 科学辟谣 |
| 28 | 将双腿抬高，能让心搏骤停者恢复心脏跳动 | 科学辟谣 |
| 29 | 要想尽快治好病，打针比吃药更好 | 科学辟谣 |
| 30 | 验钞手电筒能验出食物中的黄曲霉素 | 科学辟谣 |

本季度的"科学"流言和谣言呈现以下五个特征。

1. 食品安全、饮食健康类谣言常辟常新热度不断

"蜂蜜、大蒜能治疗幽门螺杆菌感染""喝骨头汤能预防骨质疏松"等伪科学言论在各网站平台大肆传播。

**2. 涉疫敏感话题极易引发舆论围观炒作**

"天津疫情确诊 1393 人""西安确诊人群超一半在核酸检测时感染 800 多人被拉定边沙漠隔离"等引发大量关注。

**3. 涉环境污染、环境保护等信息因关乎百姓的生活幸福指数，话题关注度与日俱增，也为谣言滋生留下可乘之机**

"汤加火山爆发导致 2022 年'无夏'火山灰将飘到中国""首钢滑雪大跳台是核电站"等谣言易引发公众恐慌。

**4. 与个人身体健康相关的谣言较多**

"中国小伙被骗至柬埔寨当'血奴'已病危""有生育经验的女性，不用太在意孕检产检"等谣言较多。

**5. 疫苗相关谣言时有浮现**

"HPV 疫苗会导致怀孕""疫苗对奥密克戎毒株无效"等谣言热度较高。

# 二、2022 年第三季度互联网科普舆情季报

## （一）本季度舆情概况

2022 年第三季度，微博是主要传播渠道，微信、网络新闻和 APP 新闻占比并列第二；从领域来看，前沿科技、生态环境和应急避难热度较高；从地域来看，上海市、北京市、广东省在科普传播工作方面表现突出。全国科普日活动举行、2022 世界机器人大会举办、首届上海科技传播大会召开、华南国家植物园揭牌、我国首个地热科普展在中国科学技术馆举办是本季度的热点科普话题。

数据显示，涉及科普的网络新闻为约 66.69 万篇（含转载，下同），报刊约 2.81 万篇，论坛博客约 6.12 万篇，微信约 68.54 万篇，微博约 343.78 万条，APP 新闻约 64.84 万篇（图 6-9）。

## （二）热点事件解读

### 1. 全国科普日活动举行

2022 年 9 月 15 日，以"喜迎二十大，科普向未来"为主题的全国科普日

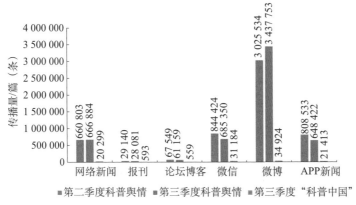

图 6-9 2022 年第三季度科普相关舆情信息平台分布图

活动在各地启动。本季度，与全国科普日相关的信息量近 13 万篇，其中，微博、微信、APP 平台关于全国科普日的信息量占全网全国科普日信息量的 90% 以上。

《人民日报》、新华社、《光明日报》《经济日报》、人民网、央广网等中央级媒体积极发布相关新闻，大河网、澎湃新闻网、北方网等地方媒体参与传播，共同关注各地科普活动，形成阶梯式传播格局。其中，《人民日报》《科技日报》、人民网的多篇原创报道获其他媒体广泛转载。

**2. 2022 世界机器人大会举办**

2022 年 8 月 18～21 日，由北京市政府、工业和信息化部、中国科协共同主办的 2022 世界机器人大会在京召开。本届大会以"共创共享 共商共赢"为主题，聚焦产业链、供应链协同发展，围绕"机器人 +"应用行动，为全球机器人产业搭建一个产品展示、技术创新、生态培育的高端合作交流平台。相关报道在本季度的全网传播量为：网络新闻 11 210 篇，报刊 404 篇，微信 2947 篇，微博 45 370 条，APP 新闻 7198 篇，视频 680 条（图 6-10）。

**3. 首届上海科技传播大会召开**

2022 年 8 月 20 日，首届上海科技传播大会在上海举办。大会以"创新·传播·融合"为主题，邀请知名科学家、科技传播实践者、科普明星和理论学者等，就科技传播矩阵融合构建、科学家共同体与公众互动、网络科技传播策略等话题展开讨论。相关报道在本季度的全网传播量为：网络新闻 959 篇，报刊

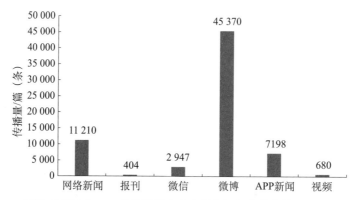

图 6-10  2022年第三季度"2022世界机器人大会举办"相关科普信息分平台传播量数据图

40 篇, 论坛博客 34 篇, 微信 166 篇, 微博 39 条, APP 新闻 859 篇, 视频 30 条 (图 6-11)。

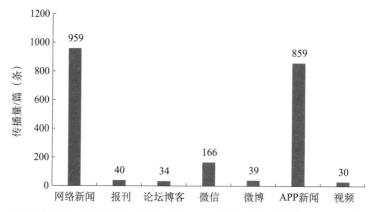

图 6-11  2022年第三季度"首届上海科技传播大会召开"相关科普信息分平台传播量数据图

### 4. 华南国家植物园揭牌

2022 年 7 月 11 日, 依托中国科学院华南植物园设立的华南国家植物园在广州正式揭牌, 这是华南地区首个国家植物园, 也是我国国家植物园体系的重要组成部分, 与位于北京的国家植物园共同形成"一南一北"格局。相关报道在本季度的全网传播量为: 网络新闻 776 篇, 报刊 41 篇, 论坛博客 30 篇, 微信 319 篇, 微博 2743 条, APP 新闻 764 篇, 视频 43 条 (图 6-12)。

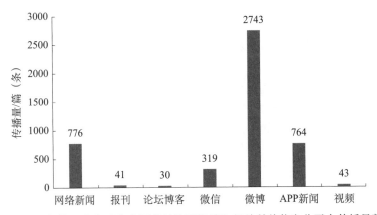

图 6-12　2022 年第三季度"华南国家植物园揭牌"相关科普信息分平台传播量数据图

**5. 我国首个地热科普展在中国科学技术馆举办**

2022 年 7 月 4 日，由中国科协、中国石化集团共同主办的中国首个地热科普展——"拥抱双碳，共赢未来"地热科普公益展在中国科学技术馆开幕，展览持续至 2022 年 10 月底。相关报道在本季度的全网传播量为：网络新闻 241 篇，报刊 15 篇，论坛博客 10 篇，微信 54 篇，微博 101 条，APP 新闻 189 篇，视频 13 条（图 6-13）。

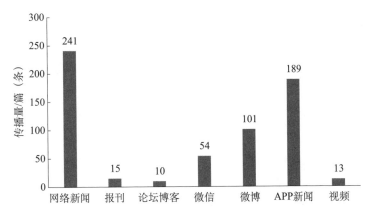

图 6-13　2022 年第三季度"我国首个地热科普展在中国科学技术馆举办"
相关科普信息分平台传播量数据图

**（三）科学辟谣热点**

表 6-2 为 2022 年第二季度科学辟谣热点。

表6-2 2022年第二季度科学辟谣热点

| 序号 | 谣言名称 | 辟谣媒体/机构单位 |
|---|---|---|
| 1 | 做核酸用的脱脂棉签易吸附环氧乙烷 | 科学辟谣 |
| 2 | 只要有云就能开展人工增雨 | 北京科协等多单位组成的联合辟谣平台 |
| 3 | 长期戴口罩会得肺结节 | 头条辟谣 |
| 4 | 预制菜有害健康，应当取缔 | 科学辟谣 |
| 5 | 一码扫两次可以防止成密接 | 福建辟谣 |
| 6 | 牙膏会产生"耐药性"要经常更换 | 科学辟谣 |
| 7 | 夏天炎热易出汗，每天要喝3～4升水保持健康 | 科学辟谣 |
| 8 | 无糖月饼真的无糖 | 头条辟谣 |
| 9 | 蚊子咬人看血型，O型血最容易被咬 | 北京科协等多单位组成的联合辟谣平台 |
| 10 | 死去的小鸟能传播猴痘病毒 | 头条辟谣 |
| 11 | 让宝宝喝"婴儿水"有助于生长发育 | 北京科协等多单位组成的联合辟谣平台 |
| 12 | 清洗海鲜易感染"食肉菌"，且无药可救 | 腾讯较真 |
| 13 | 千金藤泡水喝能够预防新冠病毒 | 新疆网络辟谣 |
| 14 | 女性吸烟少，所以可以不用担心肺癌 | 科学辟谣 |
| 15 | 眉毛越长，寿命越长 | 科学辟谣 |
| 16 | 卖旧手机时恢复出厂设置就能保证数据不泄露 | 科学辟谣 |
| 17 | 喝汽水能解酒 | 北京科协等多单位组成的联合辟谣平台 |
| 18 | 喝葡萄酒对血管好 | 科学辟谣 |
| 19 | 蚝油吃多了会致癌 | 北京科协等多单位组成的联合辟谣平台 |
| 20 | 给西瓜覆盖保鲜膜会造成细菌滋生 | 北京科协等多单位组成的联合辟谣平台 |
| 21 | 高温中暑可以服用藿香正气水缓解 | 科学辟谣 |
| 22 | 代糖可以敞开吃 | 北京科协等多单位组成的联合辟谣平台 |
| 23 | 吃素不会得脂肪肝 | 头条辟谣 |
| 24 | 吃鸡头会重金属中毒 | 中国疾病预防控制中心 |
| 25 | 吃大豆会性早熟或致癌 | 北京科协等多单位组成的联合辟谣平台 |
| 26 | 槟榔的危害没有宣传中的那么大 | 头条辟谣 |
| 27 | 白米饭是"垃圾食物之王" | 北京科协等多单位组成的联合辟谣平台 |
| 28 | O型血是"万能血"可以随便输 | 科普中国 |
| 29 | "左撇子"的智商更高 | 北京日报客户端 |
| 30 | "鱼疗"可以治脚气 | 北京科协等多单位组成的联合辟谣平台 |

本季度的科学流言和谣言呈现以下三个特征。

### 1. 旧谣再传现象明显

"蚊子咬人看血型，O 型血最容易被咬""喝葡萄酒对血管好"等伪科学言论已多次被辟谣，但一段时间后，相关谣言依然出现在网络中。

### 2. 貌似善意类谣言增加迷惑性

"做核酸用的脱脂棉签易吸附环氧乙烷""一码扫两次可以防止成密接"等谣言用貌似善意的提醒，增加了迷惑性，容易误导社会公众。

### 3. 杜撰捏造类谣言收割流量，吸引关注

部分无良自媒体靠捏造谣言吸引流量和关注，如"眉毛越长，寿命越长""千金藤泡水喝能够预防新冠病毒""长期戴口罩会得肺结节"等谣言毫无科学依据，仅靠杜撰捏造而成。

### 4. 以讹传讹类谣言使公众信以为真

"吃素不会得脂肪肝""吃鸡头会重金属中毒""吃大豆会性早熟或致癌"等谣言"添油加醋"制造轰动效应，利用公众对相关科学知识了解不全面、理解不透彻等，误导公众对谣言信以为真。

# 第七章 ■■■■■
## 互联网科普舆情数据年报分析

将 2022 年与 2021 年的互联网科普舆情数据年报进行对比，从中可以看出一些变化。

**互联网科普舆情年报数据分析**

### 一、2022 年科普舆情信息总量远超过 2021 年

2022 年，与科普相关的网络信息共计 2160.33 万篇，2021 年科普舆情信息总量为 1176.15 万篇，2022 年的科普舆情信息总量远远高于 2021 年，比 2021 年的科普舆情信息量多 984.18 万篇。值得注意的是，2022 年与科普相关的网络信息除在报刊、论坛博客两个平台的数据低于 2021 年以外，其他平台均高于 2021 年数据，同时 2022 年增加了对视频信息的统计（图 7-1）。

### 二、前沿科技、航空航天、生态环境的热度位列前三

从 2021 年和 2022 年互联网科普舆情年报中的科普舆情领域分布数据可以看出，连续两年科普舆情领域排在第一位的科普主题都是前沿科技。第二、第三位的科普主题由生态环境、航空航天变为航空航天、生态环境，整体上三个领域变动较小，只是排名有所变化。

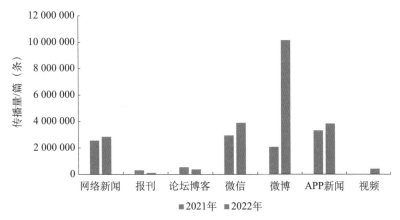

图 7-1　2021 年和 2022 年科普舆情分平台传播量对比图

## 三、上海市和北京市是科普传播热区的前两位

从对 2021 年和 2022 年互联网科普舆情年报中科普舆情信息地域发布热区的统计与分析可以看出，排名第一位的科普传播热区依然是上海市，第二位依然是北京市，广东省由第三位变为第四位，四川省排在第三位。科普信息量的丰富程度和地区经济发展水平息息相关。

## 第二节　互联网科普舆情年报分析

综观 2022 年科普舆情，微博、微信、APP 新闻和网络新闻是科普信息的主要传播渠道；从领域来看，前沿科技、航空航天和生态环境的舆情热度较高；从地域来看，上海市、北京市、四川省和广东省在科普传播方面表现最突出。

### 一、分平台传播数据

数据显示，2022 年涉及科普的网络新闻有 2 838 864 篇（含转载，下同），报刊 1 11 905 篇，论坛博客 372 522 篇，微信 3 881 381 篇，微博 10 141 397 条，

APP新闻3 836 525篇，视频420 709条（图7-2）。

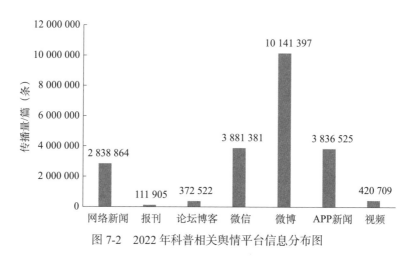

图7-2　2022年科普相关舆情平台信息分布图

2022年，全国科普信息传播中，微博是主要传播渠道，占比46.94%（图7-3）。

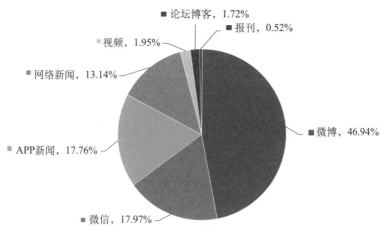

图7-3　2022年科普相关舆情平台信息分布图

## 二、科普主题热度指数排行

2022年科普舆情热度较高的领域分别为前沿科技、航空航天和生态环境。在前沿科技领域，新冠病毒毒株的变异和跨境传播、中国科技助力北京冬奥会、汽车行业"元宇宙"数字藏品上线、区块链产业发展动向、北斗系统助农民颗粒归仓、奥密克戎新亚型 BA.5 蔓延、我国科学家证实人类是从鱼进化来的、国际科研团队新发现"超级地球"等相关话题的科普舆情热度较高。

在航空航天领域，舆论对航空航天话题的关注度较高，如东航飞行事故、神舟十四号载人飞船返回舱成功着陆、神舟十五号载人飞船发射成功、"中国天眼"发现地外文明可疑信号等动态提升了航空航天领域的舆情热度。此外，2022 年 12 月中旬，内蒙古自治区、宁夏回族自治区等多地网民拍到不明飞行物，相关信息引发舆论对地外生命探索话题的关注和讨论。

在生态环境领域，日本核污水排海、我国多地发现外侵物种鳄雀鳝、垃圾分类、气候变化、噪声污染等话题引发网民讨论，国务院印发《"十四五"节能减排综合工作方案》、切尔诺贝利核电站禁区起火是否有辐射威胁、最高人民检察院联合多部门深入打击危险废物环境违法犯罪、中国生物多样性观测网络的关键技术与标准体系等新闻也引发舆论广泛关注。

## 三、2022 年全年科普热点事件

### 1. 全国科技工作者日相关科普活动举办

2022 年 5 月 30 日是第六个全国科技工作者日，由中国科协、科技部主办的以"创新争先 自立自强"为主题的 2022 年全国科技工作者日主场活动在北京举行，向全国 9100 万名科技工作者致以节日的祝福和敬意。

### 2. 全国科普日活动举行

2022 年 9 月 15 日，以"喜迎二十大，科普向未来"为主题的全国科普日活动在各地启动，重点围绕"弘扬科学精神，激发创新活力；聚焦重点领域，服务高质量发展；深化文明实践，培育时代新风；立足群众所需，赋能基层治理"四个方面的内容展开。

### 3. 2022 世界机器人大会举办

2022 年 8 月 18～21 日，由北京市政府、工业和信息化部、中国科协共同主办的 2022 世界机器人大会在京召开。本届大会以"共创共享 共商共赢"为主题，聚焦产业链、供应链协同发展，围绕"机器人＋"应用行动，为全球机器人产业搭建一个产品展示、技术创新、生态培育的高端合作交流平台。

4. 第六届世界智能大会举行

2022年6月24日,第六届世界智能大会云开幕式暨创新发展高峰会在天津市举行。第十三届全国政协副主席、中国科协主席万钢出席并做主旨报告。

5. 华南国家植物园揭牌

2022年7月11日,依托中国科学院华南植物园设立的华南国家植物园在广州正式揭牌,这是华南地区首个国家植物园,也是我国国家植物园体系的重要组成部分,与位于北京的国家植物园共同形成"一南一北"格局。

6. "天宫课堂"第三课在中国空间站开讲

2022年10月12日,"天宫课堂"第三课开讲。神舟十四号飞行乘组航天员陈冬、刘洋、蔡旭哲在中国空间站为广大青少年带来一堂精彩的太空科普课,这是中国航天员首次在问天实验舱内进行授课。

7. 新修订的《中华人民共和国科学技术进步法》正式实施

2022年1月1日,时隔14年后再度修订的《中华人民共和国科学技术进步法》正式实施,该法对科学普及工作进行了部署。

8. 第二十四届中国科协年会在湖南长沙举行

2022年6月26日上午,由中国科协和湖南省人民政府共同主办的第二十四届中国科协年会在湖南省长沙市开幕,会议主题为"创新引领 自立自强——打造中部崛起新引擎"。

9. "典赞·2021科普中国"揭晓盛典举办

2022年2月14日,"典赞·2021科普中国"揭晓盛典特别节目在CCTV10科教频道播出,现场揭晓2021年度十大科普人物、十大科普作品、十大科普事件和十大科学辟谣榜,相关动态引发媒体集中关注。

10.《北京市全民科学素质行动规划纲要(2021—2035年)》发布

2022年3月17日,《北京市全民科学素质行动规划纲要(2021—2035年)》发布。第十一次中国公民科学素质抽样调查结果显示,2020年北京市公民具备科学素质的比例达到24.07%,完成了"十三五"发展目标,位于创新型国家的较高水平,接近科技强国水平。相比"十二五"末的17.56%增幅6.51%,居全国首位。

**11. 首届上海科技传播大会召开**

2022 年 8 月 20 日，首届上海科技传播大会在上海举办。大会以"创新·传播·融合"为主题，邀请知名科学家、科技传播实践者、科普明星和理论学者等，就科技传播矩阵融合构建、科学家共同体与公众互动、网络科技传播策略等话题展开讨论。

**12. 天津市第 36 届科技周活动举行**

2022 年 6 月 26 日上午，天津市第 36 届科技周主场活动在天津科学技术馆举行，活动时间为 6 月 25～30 日。本届科技周期间，共有 5637 个单位对 11 757 项活动进行了报备，创下了历史最高纪录。

**13.《"银龄跨越数字鸿沟"科普专项行动方案（2022—2025 年）》发布**

2022 年 11 月 11 日，中国科协、中国银行、中国联通印发《"银龄跨越数字鸿沟"科普专项行动方案（2022—2025 年）》，计划到 2025 年，使老年人的数字技能稳步提升，金融知识显著增加，防范金融和电信诈骗的意识与能力明显增强，并打造一批帮助老年人跨越"数字鸿沟"的平台阵地。

**14."科普中国–我是科学家"年度盛典举办**

2022 年 11 月 12 日，中国科协科普部主办的"科普中国–我是科学家"年度盛典"未来进行时"专题活动在北京奥加美术馆酒店成功举办。活动现场，五位演讲嘉宾用深入浅出的讲述，分别带来了超导材料、脑机接口、生物炼制技术、生物医学材料、化工助力碳中和的故事，从不同的科学领域，带领公众打开未来世界的大门。

**15. 我国首个地热科普展在中国科学技术馆举办**

2022 年 7 月 4 日，由中国科协、中国石化集团共同主办的中国首个地热科普展——"拥抱双碳，共赢未来"地热科普公益展在中国科学技术馆开幕，展览持续至 2022 年 10 月底。

**16. 科普中国创作大会暨 2022 中国科普作家协会年会在西安举办**

2022 年 8 月 18 日，科普中国创作大会暨 2022 中国科普作家协会年会在陕西西安举办。本届年会主题为"深化供给侧改革，繁荣原创科普精品"，由中国科普作家协会、科普中国发展服务中心主办，陕西省科学技术协会承办，陕西省科普作家协会、《科学故事会》《科普创作评论》、陕西科技报社、小哥白尼杂志社协办,得到中国科协科普部、中国科普研究所的大力支持。

17. 上海率先在全国成立院士健康科普基地

2022 年 12 月 2 日,"健康上海行动院士科普基地"授牌仪式在上海交通大学医学院附属第九人民医院举行,上海市卫生健康委、市健康促进委员会办公室负责人为各院士健康科普基地授牌。上海市眼健康促进中心揭牌仪式同时举行。

18. "蓉遇科普·2022"年度科普典型推选结果揭晓

2022 年 12 月 14 日下午,"蓉遇科普·2022"年度科普典型颁发仪式在成都市广播电视台 1 号演播厅举行,现场揭晓了"蓉遇科普·2022"年度科普人物、年度科普图书、年度科普数字作品、年度科普活动以及科学美空间名单。

## 第三篇

互联网平台科普数据报告

互联网平台一般是指在线发布、呈现和传播文字、图片、音频、视频等信息的网络媒介，它通过网络社区运营、信息质量管控、内容分发推送等一系列流程和规则，为科普信息提供存储、传输和交流空间，保障科普内容持续产出并到达用户。互联网平台科普数据报告从科普内容的生产和传播、科普创作者与兴趣用户的特征等层面分析和呈现抖音、西瓜视频、今日头条等大型互联网平台上的科普生态及其发展。

# 第八章
抖音、今日头条、西瓜视频平台内容资源数据分析报告

　　本报告根据平台内容标签与关键词，通过技术手段对巨量算数提供的抖音、今日头条、西瓜视频三个平台的科普视频、科普图文的发布量、播放量、互动量等数据进行抓取，结合人工分析形成。

　　与以往报告数据不同的是：本次数据采集采用中国科普研究所提供的九大类科普主题词作为关键词进行抓取，九大科普主题分别为：航空航天、科普活动、能源利用、气候与环境、前沿技术、食品安全、信息科技、医疗健康、应急避险。同时，本次采集扩大了数据采集的时间段，对 2022 年 5 月至 2023 年 6 月（抖音平台的数据采集时间段为 2022 年 10 月至 2023 年 6 月）的数据进行了采集。

## 第一节　抖音科普视频数据分析

### 一、抖音视频内容发布量

　　2022 年 10 月至 2023 年 6 月，抖音视频科普内容发布量呈现波动下降趋势（图 8-1）。

　　2022 年 10 月至 2023 年 6 月，抖音平台新发布的航空航天与前沿技术主题的视频数量较高。前沿技术内容在 9 个月中有两个月的时间占据第一。其余

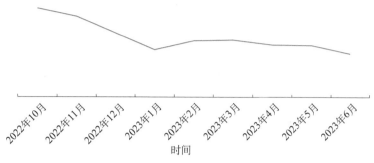

图 8-1  2022 年 10 月～2023 年 6 月抖音视频科普内容每月发布视频趋势

注：图中只展现变化趋势，不显示具体数值，后同。

的 7 个月，航空航天内容发布数量占据第一。相比航空航天与前沿技术，其他主题视频内容发布量均较少且内容数量变化较小。综合所有内容主题每月的产出量，产出的最高值出现在 2022 年 10 月的前沿技术内容（图 8-2）。

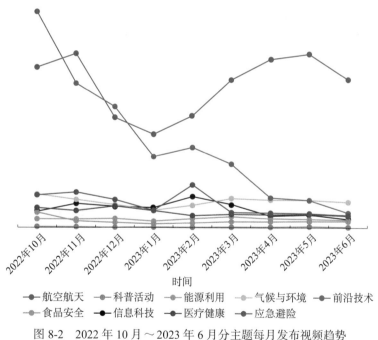

图 8-2  2022 年 10 月～2023 年 6 月分主题每月发布视频趋势

## 二、抖音视频内容播放量

2022 年 10 月至 2023 年 6 月，抖音视频科普内容播放量呈现先下降后上升的波动趋势，2022 年 10 月至 2023 年 1 月的播放量逐步下降，之后播放量转为波动上升，2023 年 4 月开始下降直至 2023 年 5 月，之后开始上升（图 8-3）。

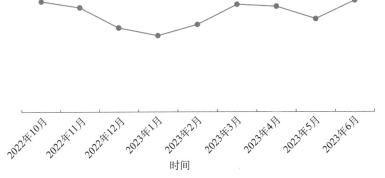

图 8-3　2022 年 10 月～2023 年 6 月抖音视频科普内容每月视频播放量趋势

2022 年 10 月至 2023 年 6 月，抖音平台的航空航天与前沿技术视频播放量较高。航空航天主题的视频播放量在 9 个月的时间持续占据第一。前沿技术主题的视频播放量占据第二。相比航空航天与前沿技术，其他主题的视频播放量均较少且内容数量变化较小。综合所有内容主题每月的视频播放量，播放量的最高值出现在 2023 年 6 月的航空航天内容（图 8-4）。

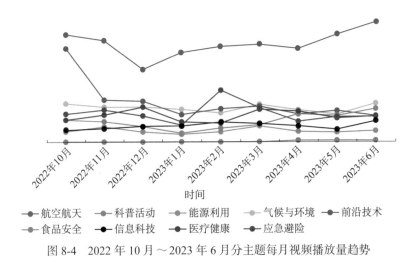

图 8-4　2022 年 10 月～2023 年 6 月分主题每月视频播放量趋势

## 三、抖音视频内容互动量

2022 年 10 月至 2023 年 6 月，抖音视频科普内容互动量呈现先下降后波动上升的趋势（图 8-5）。

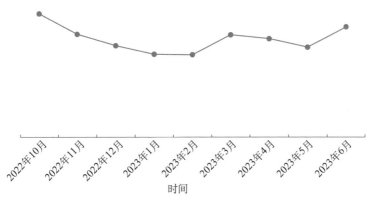

图 8-5　2022 年 10 月～2023 年 6 月抖音视频科普内容每月视频互动量趋势

2022 年 10 月至 2023 年 6 月，抖音平台新发布的航空航天与前沿技术主题的视频互动量较高。航空航天内容互动量在 9 个月中有 8 个月的时间占据第一。其余的 1 个月，前沿技术主题的内容互动量占据第一。医疗健康内容互动量在 12 月有所提升，占据第三。相比航空航天、前沿技术与医疗健康，其他主题的视频内容互动量均较少且内容数量变化较小。综合所有内容主题每月的互动量，互动量的最高值出现在 2022 年 10 月的前沿技术内容（图 8-6）。

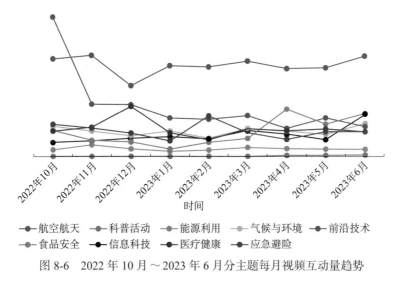

图 8-6　2022 年 10 月～2023 年 6 月分主题每月视频互动量趋势

## 第二节 今日头条图文科普视频数据分析

### 一、今日头条图文内容发布量

2022 年 5 月至 2023 年 6 月，今日头条图文内容发布量呈现波动变化趋势；2022 年 5 月至 2022 年 11 月发布量逐步上升，2022 年 11 月至 2023 年 1 月发布量下降，之后的 5 个月中发布量进一步上升并在 2023 年 4 月达到峰值（图 8-7）。

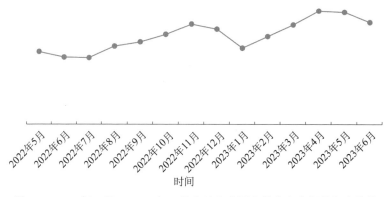

图 8-7　2022 年 5 月～2023 年 6 月今日头条图文科普内容每月发布趋势

2022 年 5 月至 2023 年 6 月，今日头条平台新发布的航空航天与信息科技图文科普内容数量较高。航空航天内容在 14 个月中有 8 个月的时间占据第一。其余的 6 个月，信息科技内容发布数量占据第一。前沿技术图文科普内容的发布量在 14 个月中有 13 个月排名第三。2022 年 12 月，应急避险内容突然增加，排名提高到第三。其他主题的图文科普内容发布量均较少且内容数量变化较小。综合所有内容主题每月的发布量，发布量的最高值出现在 2023 年 5 月的航空航天内容（图 8-8）。

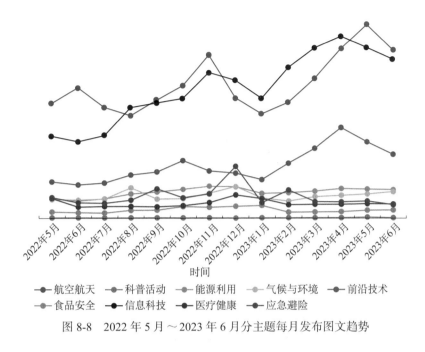

图 8-8　2022 年 5 月～2023 年 6 月分主题每月发布图文趋势

## 二、今日头条图文内容播放量

2022 年 5 月至 2023 年 6 月，今日头条图文科普内容播放量总体呈现波动式上升趋势（图 8-9）。

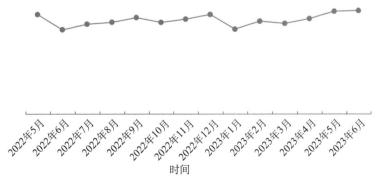

图 8-9　2022 年 5 月～2023 年 6 月今日头条图文科普内容每月图文阅读量趋势

2022 年 5 月至 2023 年 6 月，今日头条平台的航空航天与信息科技主题的图文科普内容阅读量较高。航空航天主题的内容阅读量在 14 个月的时间里稳定占据第一。信息科技主题的内容阅读量稳定排名第二。前沿技术主题的图文科普内容的阅读量在14个月中有13个月排名第三。2023年2月，应急避险内容阅读量突然增加，排名提高到第三。其他主题的图文科普内容阅读量均较少且内容数量变化较小。综合所有内容主题每月的阅读量，阅读量的最高值出现在2023年6月的航空航天内容（图8-10）。

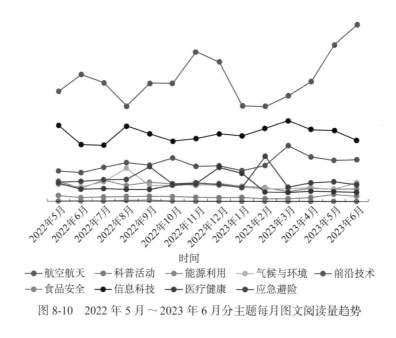

图8-10　2022年5月～2023年6月分主题每月图文阅读量趋势

## 三、今日头条图文内容互动量

2022年5月至2023年6月，今日头条图文科普内容互动量总体呈现波动式上升趋势（图8-11）。

2022年5月至2023年6月，今日头条新发布的航空航天与信息科技主题的图文科普内容互动量较高。航空航天主题的内容互动量在14个月中有13个月的时间占据第一。其余的1个月，信息科技主题的图文科普内容互动量占据第一。前沿技术主题的内容互动量在14个月中稳定占据第三。相比航空航天、

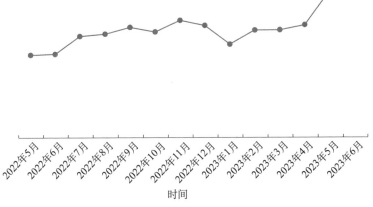

图 8-11 2022 年 5 月～2023 年 6 月今日头条图文科普内容每月互动量趋势

信息科技与前沿技术，其他主题的图文科普内容互动量均较少且内容数量变化较小。综合所有图文科普内容主题每月的互动量，互动量的最高值出现在 2023 年 6 月的航空航天内容（图 8-12）。

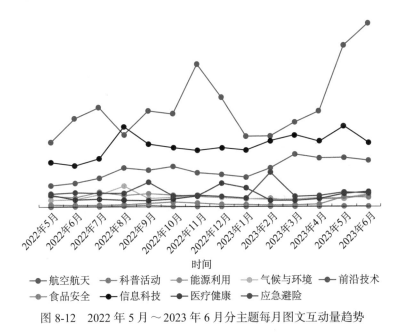

图 8-12 2022 年 5 月～2023 年 6 月分主题每月图文互动量趋势

## 第三节 西瓜视频科普视频数据分析

### 一、西瓜视频内容发布量

2022年5月至2023年6月，西瓜视频科普内容呈现波动变化趋势（图8-13）。

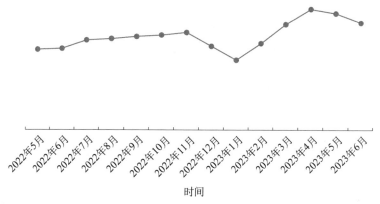

时间

图 8-13　2022 年 5 月～2023 年 6 月西瓜视频科普内容每月发布视频趋势

2022 年 5 月至 2023 年 6 月，西瓜视频平台新发布的航空航天与信息科技主题的视频数量较高。航空航天主题的内容在 14 个月中有 12 个月的时间占据第一。其余的两个月，信息科技主题的内容发布数量占据第一。相比航空航天与信息科技、前沿技术主题视频内容稳定排名第三，其他主题视频内容占比均较低且内容数量变化较小。综合所有内容主题每月的发布量，发布的最高值出现在 2023 年 5 月的航空航天内容（图 8-14）。

### 二、西瓜视频内容播放量

2022 年 5 月至 2023 年 6 月，西瓜视频科普内容播放量总体上呈现波动上升趋势（图 8-15）。

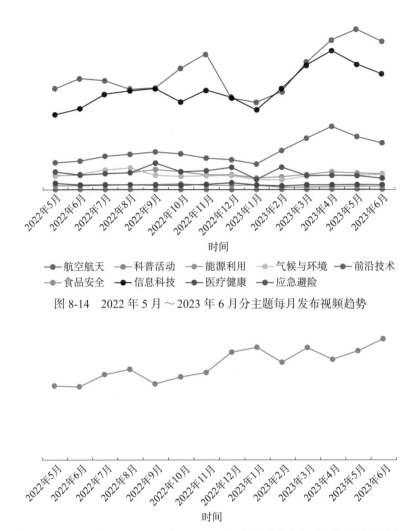

图 8-14 2022 年 5 月～2023 年 6 月分主题每月发布视频趋势

图 8-15 2022 年 5 月～2023 年 6 月西瓜视频科普内容每月视频播放量趋势

　　2022 年 5 月至 2023 年 6 月，西瓜视频平台的航空航天与信息科技主题的内容视频播放量较高。航空航天主题的视频播放量在 14 个月中持续占据第一。信息科技主题的视频播放量占据第二。相比航空航天与前沿技术，其他主题的视频播放量均较少。应急避险主题的视频播放量在 2022 年 9 月与 2023 年 2 月有所增长，排名第三。综合所有内容主题每月的视频播放量，播放量的最高值出现在 2023 年 6 月的航空航天内容（图 8-16）。

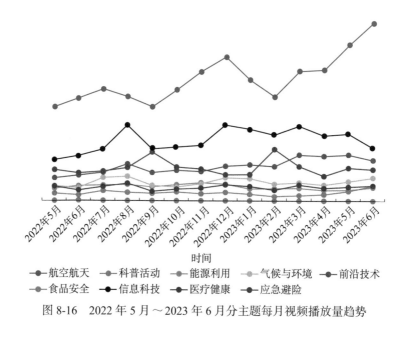

图 8-16 2022 年 5 月～2023 年 6 月分主题每月视频播放量趋势

# 三、西瓜视频内容互动量

2022 年 5 月至 2023 年 6 月，西瓜视频科普内容互动量趋势平稳（图 8-17）。

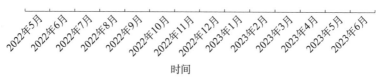

图 8-17 2022 年 5 月～2023 年 6 月西瓜视频科普内容每月视频互动量趋势

2022 年 5 月至 2023 年 6 月，西瓜视频平台新发布的航空航天与信息科技主题的视频互动量较高。航空航天主题的内容互动量在 14 个月中持续占据第一。信息科技主题的视频互动量稳定占据第二。前沿技术主题的内容在 14 个月中的 10 个月占据第三，其余 4 个月互动量排名第三位的为应急避险内容。相比航空航天、信息科技、前沿技术与应急避险，其他主题的视频内容互动量均较少且内容数量变化较小。综合所有内容主题每月的互动量，互动量的最高值出现在 2023 年 6 月航空航天内容（图 8-18）。

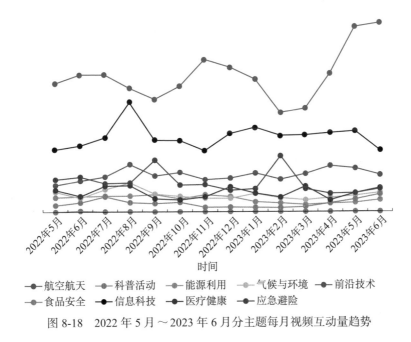

图 8-18　2022 年 5 月～2023 年 6 月分主题每月视频互动量趋势

# 第九章 ■■■■■■■
## 抖音、今日头条／西瓜视频平台创作者画像分析报告

本报告对巨量算数提供的抖音、今日头条、西瓜视频三个平台上的科普创作者的性别、年龄、所在地域等画像数据进行了分析。巨量算数提供的数据显示，今日头条平台创作者数据包含了今日头条图文和西瓜视频的创作者数据。

## 第一节 抖音平台科普创作者画像分析

### 一、抖音平台科普创作者中男性超七成

抖音平台科普创作者呈现男性较多的情况，男性创作者占比76.26%，女性创作者占比23.74%（图9-1）。

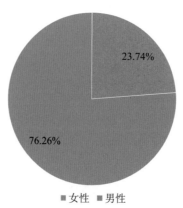

■女性 ■男性

图 9-1 抖音平台科普创作者的性别占比

## 二、抖音平台科普创作者中 31～40 岁人群占比最高

抖音平台科普创作者年龄呈现 31～40 岁人群占比最高的情况，占比 45.90%；其次是 24～30 岁人群，占比 32.54%；占比最低的人群为 51 岁及以上人群，占比 4.12%（图 9-2）。

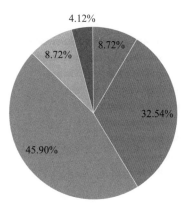

图 9-2　抖音平台科普创作者的年龄占比

## 三、新一线城市的抖音平台科普创作者占比最高

按城市级别 ① 分布来看，新一线城市的抖音平台科普创作者占比最高，为 25.18%；其次是二线、三线与一线城市，占比均超过 15.00%；占比最低的是城市分级为六线及以下城市的创作者，仅占比 0.38%（图 9-3）。

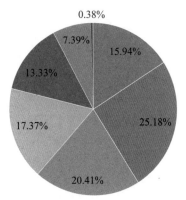

图 9-3　抖音平台科普创作者的城市分级占比

---

① 城市分级依据"第一财经"发布的 2022 城市商业魅力排行榜。

## 四、广东省、河南省、山东省的抖音平台科普创作者占比位列前三

从省份分布来看，广东省的抖音平台科普创作者占比最高，为 11.94%；其次是河南省，占比 8.23%；第三名是山东省，占比 7.83%（图 9-4）。

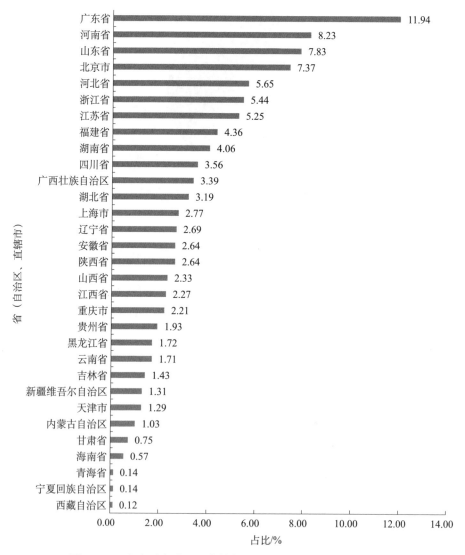

图 9-4　31 个省（自治区、直辖市）的抖音平台科普创作者占比

### 第二节 今日头条 / 西瓜视频平台科普 创作者画像分析

#### 一、今日头条 / 西瓜视频平台科普创作者中男性超八成

从性别角度来看，今日头条 / 西瓜视频平台科普创作者大多数为男性，占比 86.26%，女性占比 13.74%（图 9-5）。

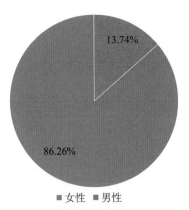

图 9-5 今日头条 / 西瓜视频平台科普创作者的性别占比

#### 二、今日头条 / 西瓜视频平台科普创作者中 31～40 岁群体与 24～30 岁群体均占比较高

今日头条 / 西瓜视频平台科普创作者中 31～40 岁群体与 24～30 岁群体均占比较高，其中 31～40 岁群体占比 41.61%，24～30 岁群体占比 36.90%。占比最低的为 51 岁及以上群体，为 2.73%（图 9-6）。

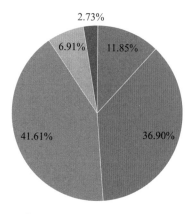

■18～23岁 ■24～30岁 ■31～40岁 ■41～50岁 ■51岁及以上

图 9-6 今日头条平台科普创作者的年龄占比

## 三、新一线、一线、三线城市的今日头条 / 西瓜视频平台科普创作者数量排名前三

今日头条 / 西瓜视频平台的科普创作者分布情况较为平均，其中来自新一线城市的创作者占比最高，为 24.77%；来自六线及以下城市的创作者占比最低，为 0.46%（图 9-7）。

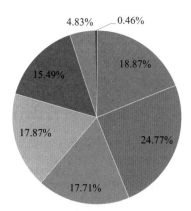

■一线城市 ■新一线城市 ■二线城市 ■三线城市 ■四线城市 ■五线城市 ■六线及以下城市

图 9-7 今日头条 / 西瓜视频平台科普创作者的城市分级占比

## 四、广东省、北京市、山东省的今日头条 / 西瓜视频平台科普创作者占比位列前三

从省份分布来看，广东省的今日头条 / 西瓜视频平台科普创作者占比最高，为 11.06%；其次是北京市，占比 9.83%；第三名是山东省，占比 9.37%（图 9-8）。

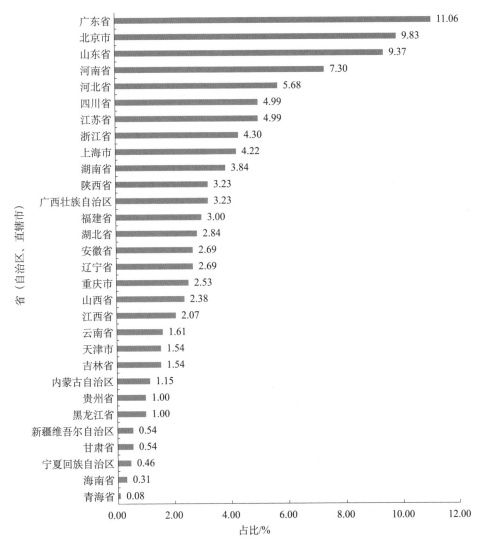

图 9-8　31 个省（自治区、直辖市）的今日头条 / 西瓜视频平台科普创作者占比

# 第十章 ■■■■■■
## 抖音、今日头条、西瓜视频平台兴趣用户画像报告

本书对巨量算数提供的抖音、今日头条、西瓜视频三个平台上的科普兴趣用户分别对其性别、年龄、所在地域等画像数据进行了分析。兴趣用户是指点赞科普创作者发布的视频两次及以上的用户。

## 第一节　抖音平台科普兴趣用户画像分析

### 一、抖音平台科普兴趣用户中男性偏多

抖音平台的科普兴趣用户性别呈男女比例相近、男性较多的情况，男性兴趣用户占比 51.27%，女性兴趣用户占比 48.73%（图 10-1）。

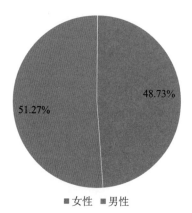

■女性　■男性

图 10-1　抖音平台科普兴趣用户的性别占比

## 二、抖音平台科普兴趣用户中 31～40 岁人群占比最高

抖音平台科普兴趣用户年龄呈现以 31～40 岁人群占比最高的情况，占比 31.66%。其次是 24～30 岁人群，占比 19.03%。占比最低的为 18～23 岁人群，占比 13.56%（图 10-2）。

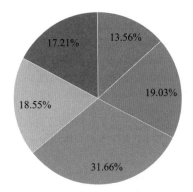

图 10-2　抖音平台科普兴趣用户的年龄占比

注：因数据四舍五入，加和不一定等于 100%，后同。

## 三、三线城市抖音平台科普兴趣用户占比最高

从城市级别分布来看，三线城市的抖音平台科普兴趣用户占比最高，为 23.65%。其次是新一线、二线与四线城市的抖音平台科普兴趣用户，占比均为 18% 左右。占比最低的城市分级为六线及以下城市，仅占比 0.72%（图 10-3）。

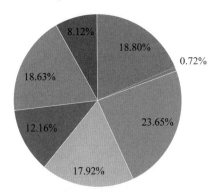

图 10-3　抖音平台科普兴趣用户的城市分级占比

## 四、广东省、江苏省、河南省的抖音平台科普兴趣用户占比位列前三

从省份分布来看，广东省的抖音平台科普兴趣用户占比最高，为11.25%；其次是江苏省，占比7.37%；第三名是河南省，占比6.93%（图10-4）。

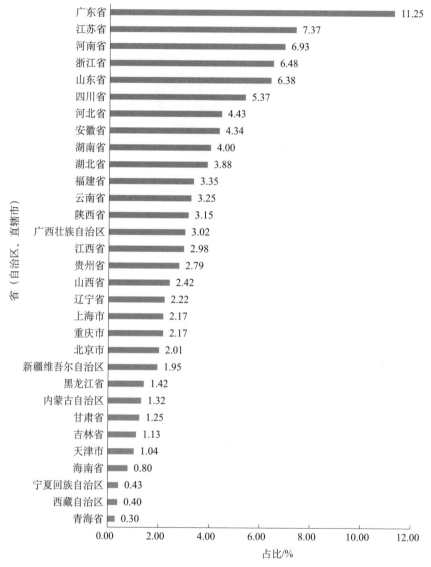

图10-4　31个省（自治区、直辖市）的抖音平台科普兴趣用户占比

## 第二节 西瓜视频平台科普兴趣用户画像分析

### 一、西瓜视频平台科普兴趣用户中男性占七成

从性别角度来看，西瓜视频平台科普兴趣用户大多数为男性，占比70.60%，女性占比29.40%（图10-5）。

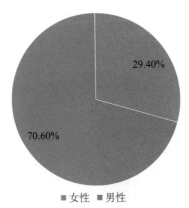

29.40%

70.60%

■女性 ■男性

图 10-5　西瓜视频平台科普兴趣用户的性别占比

### 二、31～40岁群体在西瓜视频平台科普兴趣用户中占比接近四成

31～40岁群体在西瓜视频平台科普兴趣用户中排名第一，占比达到39.95%。其次是41～50岁群体，占比达到17.80%。占比最低的为18～23岁群体，占比7.91%（图10-6）。

### 三、三线城市西瓜视频平台科普兴趣用户占比最高

从城市级别分布来看，三线城市的西瓜视频平台科普兴趣用户占比最高，

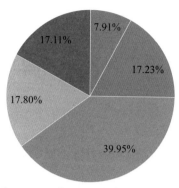

图 10-6　西瓜视频平台科普兴趣用户的年龄占比

为 23.82%。其次是新一线、二线与四线城市，占比均超过 17%。占比最低的城市分级为特区，仅占比 0.01%（图 10-7）。

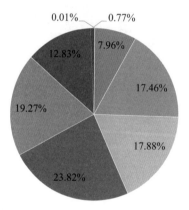

图 10-7　西瓜视频平台科普兴趣用户的城市分级占比

## 四、广东省、江苏省、河南省的西瓜视频平台科普兴趣用户占比位列前三

从省份分布来看，广东省的西瓜视频平台科普兴趣用户占比最高，为 11.08%；其次是江苏省，占比 6.97%；第三名是河南省，占比 6.85%（图 10-8）。

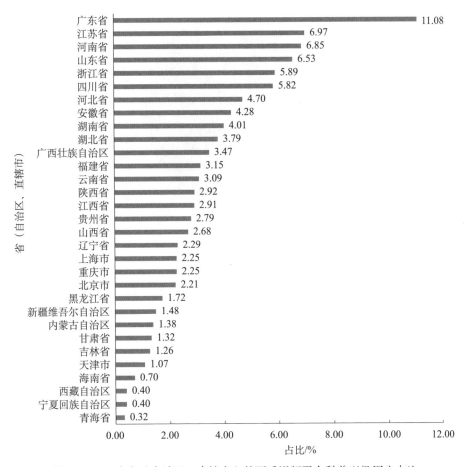

图 10-8　31 个省（自治区、直辖市）的西瓜视频平台科普兴趣用户占比

## 第三节　今日头条平台科普兴趣用户画像分析

### 一、今日头条平台科普兴趣用户中男性超六成

从性别角度来看，今日头条平台的科普兴趣用户大多数为男性，占比 67.38%，女性占比 32.62%（图 10-9）。

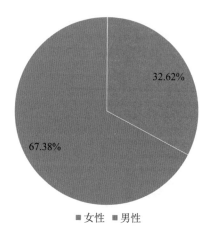

■女性 ■男性

图 10-9　今日头条平台科普兴趣用户的性别占比

## 二、今日头条平台科普兴趣用户中 31～40 岁群体与 51 岁及以上群体均占比较高

今日头条平台科普兴趣用户中 31～40 岁群体与 51 岁及以上群体均占比较高，其中 31～40 岁群体占比 35.27%，51 岁及以上群体占比 23.75%。占比最低的为 18～23 岁群体，为 4.76%（图 10-10）。

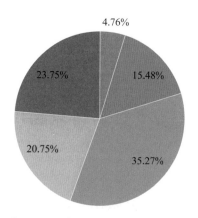

■18～23岁 ■24～30岁 ■31～40岁 ■41～50岁 ■51岁及以上

图 10-10　今日头条平台科普兴趣用户的年龄占比

## 三、三线、新一线、二线城市的今日头条平台科普兴趣用户数量排名前三

今日头条平台科普兴趣用户分布情况较为平均，其中三线城市的今日头条平台科普兴趣用户占比最高，为 21.89%；特区城市占比最低，为 0.01%（图 10-11）。

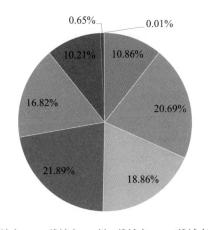

■特区城市　■一线城市　■新一线城市　■二线城市
■三线城市　■四线城市　■五线城市　■六线及以下城市

图 10-11　今日头条平台科普兴趣用户的城市分级占比

## 四、广东省、山东省、江苏省的今日头条平台科普兴趣用户占比位列前三

从城市分布来看，广东省的今日头条平台科普兴趣用户占比最高，为 11.32%；其次是山东省，占比 7.91%；第三名是江苏省，占比 7.46%（图 10-12）。

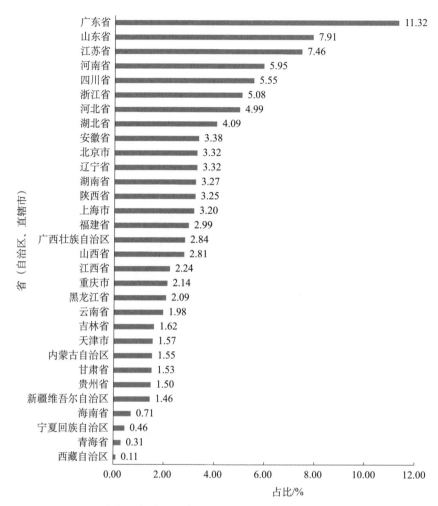

图 10-12　31 个省（自治区、直辖市）的今日头条平台科普兴趣用户占比

附　录

# 附录一
## "典赞·科普中国"年度推荐（2015～2022年）

## 2022年十大科普事件

（按事件发生时间排序）

1. 天宫三次开讲科普课，京港澳共话"太空梦"，掀起全民航天科普热潮

2022年，"元旦京港澳天宫对话"活动成功举办。神舟十三号飞行乘组与青年学生共话"太空梦"。"天宫课堂"两度开讲，"解锁"新"太空教室"——问天实验舱，天地频繁互动点燃青少年的航天梦想。

2.《中华人民共和国科学技术进步法》修订实施，进一步明确科普是全社会的共同责任

2022年1月1日，时隔14年再度修订的《中华人民共和国科学技术进步法》正式实施。新法从各方面进行了工作部署，建立健全科学技术普及激励机制，提高全体公民特别是青少年的科学文化素质。

3. 涡流制动、永磁牵引系统等多项自主创新技术相继应用，中国高铁屡创佳绩

2022年4月21日，我国自主研发的新型复兴号高速综合检测列车上线运行。该车采用涡流制动、永磁牵引系统等9项新技术，增强了动车组列车的安全性、效能性与经济性。

4. 2022世界机器人大会在北京成功举行，引发科技界热议

2022年8月20日，2022世界机器人大会开幕式在北京举行。本届大会以"共创共享 共商共赢"为主题，共有15个国家和地区的300余位嘉宾分享机器

人领域的前沿学术成果和发展趋势。

5. 2022 年版标准地图和参考地图发布，全民国家版图意识显著提升

2022 年 8 月 29 日是第 19 个全国测绘法宣传日。"国家版图意识进媒体"活动现场发布 2022 年版标准地图和参考地图，共计 646 幅，全民国家版图意识显著提升。

6. 中共中央办公厅、国务院办公厅印发《关于新时代进一步加强科学技术普及工作的意见》

2022 年 9 月，中共中央办公厅、国务院办公厅印发《关于新时代进一步加强科学技术普及工作的意见》，提出到 2025 年，公民具备科学素质的比例超过 15%。到 2035 年，公民具备科学素质的比例达到 25%，为世界科技强国建设提供有力支撑。

7. 2022 年全国科普日各地掀起科普热潮

2022 年 9 月 15～21 日，2022 年全国科普日活动在各地集中开展，广泛开展社会需要、群众喜欢、影响力大、服务面广的系列科普活动。

8. 党的二十大报告首次将教育、科技、人才一体部署，明确提出加强国家科普能力建设

2022 年 10 月，党的二十大报告首次把教育、科技、人才进行"三位一体"统筹安排、一体部署，极具战略意义和深远影响。党的二十大报告专门提出将"加强国家科普能力建设"作为提高全社会文明程度的一个重要途径，以高质量科普服务高质量发展。

9. 中国 6 名航天员"太空会师"，开启载人航天的新时代

2022 年 11 月 30 日，神舟十四号航天员乘组与神舟十五号航天员乘组 6 人"胜利会师"，标志着中国开始在太空长期存在，开启载人航天的新时代。

10. 新冠病毒感染实行"乙类乙管"

2022 年 12 月 26 日，国家卫生健康委员会发布公告，将新型冠状病毒肺炎更名为新型冠状病毒感染，2023 年 1 月 8 日起实施"乙类乙管"，要围绕"保健康、防重症"，最大限度地保障人民生命安全和身体健康。

# 2022 年十大科普人物

## （按首字笔画排序）

1. 甘肃省流动科技馆服务团队

团队负责人杨树奎，甘肃科技馆资源管理部部长。团队将优质科学教育资源送达甘肃省 14 个市州 86 个县区。10 年来，争取流动科技馆展教资源 31 套，巡展 453 站，服务公众 1708.9 万人次。

2. 龙乐豪

中国工程院院士，中国运载火箭技术研究院运载火箭系列总师顾问。致力于弘扬航天精神，传播航天知识，履行社会责任，为航天科普事业做出突出贡献。

3. 田小川

中国造船工程学会首席专家研究员。创作了一系列有影响力的国防科普活动和高收视率的节目，激励广大青年投身科技报国事业。

4. 田艳涛

中国医学科学院肿瘤医院胰胃外科主任医师。长期致力于医学科普工作，围绕老年人等群体开展多项科普活动；主编出版 4 部科普图书，获中华医学会科普奖等多项奖励。

5. 冯强

国家体育总局体育科学研究所体健中心副主任。其结合自身科研成果，发表科普文章、开展科普讲座，累计受众逾 1.7 亿人次。

6. 西藏那曲市聂荣县中学科普团队

团队负责人才吉，西藏那曲市聂荣县中学校长。学校教师积极投身青少年科技辅导工作，给高原牧区的孩子们种下科技创新的种子，学生多次获奖。

7. 李保国科技兴农专家团队

李保国科技兴农专家团队由郭素萍研究员担任队长。该团队常年在全国各地义务开展科技志愿培训活动，助力山区增收近 2 亿元。

8. 阿地里·阿不都热合曼

新疆维吾尔自治区塔城地区科普宣传员。长期从事儿童科普文学创作，发表近 500 篇科普作品；建立塔城市剪报博物馆和塔城西部科普图书馆，供民众免费使用。

9. 袁亚湘

中国科学院院士，中国科学院数学与系统科学研究院研究员。开展"好玩的数学"等科普讲座，编辑出版《跨越时空的数学家》等科普著作。

10. 韩喜球

自然资源部第二海洋研究所研究员，我国大洋科考史上的首位女首席科学家。走进学校和媒体、走向国际，分享深海科考成果，传递大洋科考精神。

# 2022 年十大科普作品

## （按首字笔画排序）

1.《山川纪行——臧穆野外日记》图书

由著名真菌学家臧穆创作。作品以优美的手绘结合文字的形式，记录了第三极植物、生态、地理、民俗、文化等多方面的第一手资料和科考纪实，被誉为"当代科学界的'徐霞客游记'"。

2.《中国历代疆域变化（第十三版速览）》短视频

由史图馆创作。作品选取、整编了中国历史上的数万个重大历史事件，绘制成 6000 多张历史地图，将中国自上古时代至今的近万年浓缩于短短的 3 分 44 秒，生动直观地呈现了中国的辉煌历史。

3.《从 1G 到 5G，中国经历了什么》短视频

由中国移动通信集团有限公司创作。回顾了改革开放以来中国通信技术的发展历程，展现了中国通信技术从 1G 空白、2G 跟随、3G 突破、4G 同步到 5G 引领这一波澜壮阔的发展史。

4.《古建奇谈——打开古建筑》（"中国建筑学会建筑科普书系"）图书

由遗介创作。作品从古建筑起源讲起，涵盖六大古建筑类型与五大古建筑趣味结构和构筑物，从历史发展、建筑类型、建筑科技、建筑保护等多个角度系统地阐释古建筑。

5. 冬梦飞扬——中国科学技术馆"科技冬奥"主题展览

由北京冬奥组委指导，中国科学技术馆策划推出。展览面积约 2000 平方米，通过展现冰雪运动和冬奥会的历史与发展等，全方位呈现了北京 2022 年冬奥会及冬残奥会中的科技、文化与艺术，线上线下累计服务公众超 2300 万人次。

6. 百年韶华 科普为民——中国共产党领导下的百年科普展

由中国科协主办，中国科普研究所和新华网科普事业部承办。展览分为

"救国""兴国""富国""强国"四大篇章，生动再现了中国共产党领导开拓科普事业的百年历程和生动实践。

7.《医学的温度》图书

由中国科学院院士、病理生理学家韩启德编著。作品以"医学是人学，医道重温度"为主题，阐述了对癌症、传染病等的独特见解，重新审视全速发展的现代医学技术及其方向，倡导发扬医学的人本主义精神和社会责任。

8.《典籍里的中国工匠》图书

由詹船海创作。作品通过生动幽默的语言和直观精美的历史图片，对传统典籍中的各种发明和工匠记录进行系统梳理，并还原成一个个鲜活生动、意趣盎然的科普故事，引导读者加深对工匠精神的理解。

9.《神奇的嫦娥五号》科普影视片

由中科海镁（北京）科技有限公司创作。作品全面、系统地介绍了嫦娥五号从发射到返回全过程中的关键环节和核心技术等，是中国首部以探月工程为题材的科普影视作品。

10.《勇往直前的我们》科普影视片

由湖南省消防救援总队、长沙市消防救援支队携手湖南卫视共同打造。该片以全纪实的手法，聚焦长沙三个消防救援站的普通消防员，完整记录了消防员 75 天的 359 次出警故事和消防人生，带动全民关注消防救援安全话题。

# 2022 年科学辟谣榜

（排名不分先后）

### 1. 吃素就不会得脂肪肝

长期吃素、营养不良、过度减肥的人，也可能得脂肪肝。脂肪的代谢需要载脂蛋白作为"交通工具"。当蛋白质摄入不足时，体内没有足够的载脂蛋白，肝脏无法向外运输多余的脂肪，这些脂肪堆积在肝脏会导致脂肪肝。

### 2. 孩子生病后打针比吃药"好得快"

口服药物多数会经过肝脏的首关消除作用，起效相对比较平缓，耐药性和不良反应的风险会降低。注射药物直接进入人体，不良反应风险增加。通常在不适合口服给药的情况下，才会选择注射方式给药。

### 3. 吃了橘子后做抗原或核酸检测会呈阳性

抗原检测时如操作正确，取样部位是鼻腔黏膜，此处也不会接触到食物。新冠病毒核酸检测通过扩增新冠病毒的核酸来判定结果，该过程中要经过洗脱、纯化，杂质对检测结果的影响微乎其微。

### 4. 土豆发芽，把芽削掉就可以吃

龙葵素有毒，土豆发芽后，其龙葵素含量会大大增加，一次摄入 200 毫克龙葵素，即相当于约 30 克已经变青或者发芽的土豆，就可以使人中毒，严重的还会致命。发芽严重的或无法判断发芽程度的土豆，坚决不要食用。

### 5. O 型血更招蚊子

蚊子通过触角来识别人体散发出的气味，通过气味来选择叮咬对象。人的气味主要由基因决定，这种差异与血型并无关系。招蚊子的人一般可以采用物理防护和化学驱蚊的办法。

### 6. 蜂蜜、大蒜能治疗幽门螺杆菌感染

虽然细菌在蜂蜜中会因失水而凋亡，但蜂蜜进入胃部会被稀释，无法达到杀菌效果。大蒜所含的大蒜素虽能抑制细菌生长，但进入人体后会分解，也难

以发挥杀菌抑菌功效。

7. 感染新冠后要综合用药，这样好得快

这种做法可能会带来生命危险。每种药物都有严格的用法用量，擅自服用多种药物，很容易造成重复用药、过量用药，危害人体健康。居家治疗的患者，建议按照卫生健康委员会居家治疗指南用药，不要自行联合用药。

8. 近视可以通过手术治愈

近视不可逆。近视的原因是眼轴变长，现阶段，包括手术、戴眼镜在内的任何手段，都只能矫正视力，而不能使眼轴变短恢复原状，也不能预防高度近视带来的并发症。

9. 可以靠只吃水果来减肥

只吃水果难以减肥且不健康。要想维持健康，需要摄入蛋白质、脂肪、碳水化合物、维生素、矿物质等多种营养素。长期只吃水果会导致身体营养不良，而且部分水果含糖量较高，过量食用体重甚至会增长。

10. 家附近有变电站很危险，需要搬家

我国变电站的交流电频率为 50 赫兹，在电磁辐射领域属于极低频率，辐射范围非常小，居民无须担心。同时，变电站有一定的覆盖区域（即供电半径），超过供电半径，就无法保证有效供电，因此城市变电站也无法随意远离居民区。

# 2021 年十大科普事件

## （排名不分先后）

**1. 我国疫苗研发和接种工作全面顺利推进**

国药集团北京生物制品研究所和北京科兴中维生物技术有限公司自主研发的新冠灭活疫苗相继被正式列入世界卫生组织紧急使用清单，截至 2021 年 12 月 31 日，全国累计报告接种新冠病毒疫苗 283 533.2 万剂次。

**2. 国务院印发《全民科学素质行动规划纲要（2021—2035 年）》**

为贯彻落实党中央、国务院关于科普和科学素质建设的重要部署，落实国家有关科技战略规划，国务院印发《全民科学素质行动规划纲要（2021—2035 年）》，为未来 15 年科学素质建设勾画新蓝图。

**3. 天宫开讲科普课，掀起全民航天科普浪潮**

2021 年 12 月 9 日，神舟十三号航天员翟志刚、王亚平、叶光富在中国空间站进行太空授课。本次活动采取天地互动方式，在中国科学技术馆设置地面主课堂，这是我国科普教育活动覆盖面最大和参与公众最多的一次重大实践。

**4. 大量科技应用助力三星堆考古新发现**

三星堆遗址考古取得重大进展，本次考古发掘和保护充分运用现代科技手段，实现考古发掘、科技考古与文物保护的全过程紧密结合。

**5. 中国科学家精神纳入中国共产党人精神谱系**

中华人民共和国成立 72 周年之际，党中央发布了第一批中国共产党人精神谱系，中国科学家精神入选其中。

**6.《生物多样性公约》第十五次缔约方大会在中国召开**

大会主题为"生态文明：共建地球生命共同体"，全面总结国际社会在生物多样性保护方面的经验。会上习近平总书记提及云南大象的北上及返回之旅，表明中国生态文明建设取得显著成效。

7. 中国开启建造天宫空间站的新时代

长征五号 B 遥二运载火箭成功将空间站天和核心舱送入预定轨道，标志着中国空间站在轨组装建造全面展开，为后续的关键技术验证和空间站组装建造顺利实施奠定了坚实基础。

8. 中国首次火星探测任务取得圆满成功

天问一号成功着陆于火星乌托邦平原南部预选着陆区，不仅在火星上首次留下中国印迹，而且在世界航天史上首次成功实现一次任务完成火星环绕、着陆和巡视的三大目标，成就中国航天事业发展的又一里程碑。

9. 两院院士大会、中国科协第十次全国代表大会在北京召开

习近平总书记出席会议并发表重要讲话，强调要坚持把科技自立自强作为国家发展的战略支撑，坚持"四个面向"，完善国家创新体系，加快建设科技强国，实现高水平科技自立自强。

10. 公众自发向袁隆平、吴孟超等已故科学家致敬

2021 年 5 月 22 日，"杂交水稻之父"袁隆平院士逝世，同日，"中国肝胆外科之父"吴孟超院士逝世。公众纷纷自发进行哀悼和缅怀，在全社会掀起弘扬科学家精神的热潮。

# 2021 年十大科普人物

## （排名不分先后）

1. 马俊

广东省气象公共服务中心气象节目主持人。策划录制气象科普视频近万条次，荣获全国科普讲解大赛一等奖，以及全国十佳科普使者、全国优秀科普讲解员等荣誉称号。

2. 付志周

新疆维吾尔自治区巴音郭楞蒙古自治州和静县哈尔莫敦镇林业乡土技术员。带领村民开展治沙大会战，科学治理沙化地，治理区植被覆盖率由最初的 3% 提高到 70% 左右。

3. 尼玛次仁

西藏自治区拉萨市农业技术推广总站副站长。重点围绕青稞品种选育、田间管理及病虫草害防治等，积极开展试验示范工作、开办田间学校，有效促进农牧业增产和农牧民增收。

4. 匡廷云

中国科学院院士，中国科学院植物研究所研究员，我国光合膜蛋白研究领域的开拓者。积极开展科普活动、撰写科普图书及科普文章，助力青少年科普及科技创新能力培育。

5. "协和名医"科普团队

"协和名医"科普团队由北京协和医院妇产科专家团队成员组成，目前包括郎景和院士、朱兰、田秦杰、樊庆泊。团队成员深耕妇产科学领域，取得许多理论和研究成果，致力于该领域的科普工作。

6. 杜志岐

中国北方车辆研究所、中国兵器工业集团公司首席科学家，全国劳动模范，第一代空降战车、新型履带式步兵战车等阅兵装备总设计师。10 年间，坚持在高校开展装甲车辆技术概论和产品研发方法论的讲座，开设公众号传播军工知识。

7. 李玉

中国工程院院士，吉林农业大学教授。从事菌物科学和工程产业化研究，在国内首次倡导提出"南菇北移"等食用菌产业发展战略，举办科技讲座 80 余场，建立食用菌技术推广基地 31 个，扶持食用菌龙头企业 22 个，示范推广 30 亿菌袋。

8. 何剑锋

中国极地研究中心、南极长城极地生态国家观测研究站站长。长期从事极地生态环境监测与研究。通过制作科普视频、参与科普活动、编撰科普读物，介绍极地生态环境特点，培养大众热爱自然、保护生态环境的意识。

9. 张永强

湖南省郴州市宜章县第一中学农村中学科技馆馆长。24 年来奋战在科普一线，指导本校学生在县级以上青少年科技创新竞赛中获得上千个奖项。近 4 年来，为郴州市科技辅导员培训 18 场次，参训人员达 4000 人次。

10. 骆惠玉

福建省肿瘤医院护理部主任。从事护理工作 36 年，积极参与科普宣传和肿瘤防治健康教育公益活动，组织健康教育大讲堂，成立肿瘤患者俱乐部。2020 年入选国家健康传播专家库。

# 2021 年十大科普作品

## （排名不分先后）

1.《深海浅说》图书

由中国科学院院士汪品先创作。作品不仅着眼于海洋科学本身，更是深入东西方文化的差异，堪称目前国内最全面且精准的海洋科普力作之一。

2.《见证百年的科学经典》图书

由中国科协组织编写。作品收录了钱学森、孙家栋、钟南山等 38 位科学家的书信、散文、演讲稿等经典作品 40 篇，展现了党领导下的科技救国、兴国、富国、强国之路。

3.《正在消失的美丽中国——濒危动植物寻踪》（植物卷、动物卷）图书

由中国科学院新疆生态与地理研究所等单位创作。作品共收集介绍了我国的 130 种珍稀濒危植物、214 种珍稀濒危动物，并介绍了珍稀濒危动植物的生存现状及未来发展趋势。

4.《征程：人类探索太空的故事》图书

由中国空间技术研究院研究员、"人民科学家"国家荣誉称号获得者、中国科学院院士叶培建等创作。作品以生动浅显的语言，介绍了人类探索太空的历史变迁、探索手段和工具的发展、探索所获得的重要发现等。

5. 万年永宝：中国馆藏文物保护成果展

由中国丝绸博物馆、中国文物保护技术协会、首都博物馆、杭州黑曜石展示设计有限公司联合策划实施。作品通过图片、动画、视频、模型、讲座、增强现实（AR）技术等深入浅出的阐释方式，集中展示全国 23 家文博机构的五十余件展品。

6. "演变中的地球，进化中的生命"展览

由中国科学院南京地质古生物研究所策划实施，展出近千件国宝级精美的古生物化石标本，尤以瓮安生物群、澄江生物群、埃迪卡拉生物群及热河生物

群等化石最为珍稀。

7.《"象"前脉动》视频

由云南省森林消防总队、中央广播电视总台新闻中心共同创作。作品记录了新时代中国的护象故事，为世界提供了生物多样性保护的中国方案。

8.《100 年，"重塑"山河！》视频

由星球研究所制作出品。作品以地理的独特视角，解读了 100 多年来中国大地上发生的伟大变迁，献礼中国共产党成立 100 周年，视频全网播放量超过 2 亿次。

9.《党史里的科学家》系列视频

由中国科学技术馆原创策划制作。作品聚焦百年党史里为党奋斗、为人民奉献的科学家群体，通过情景再现、实景表现、动画呈现的有机结合，展现党员科学家卓越的品质与闪光的精神。

10.《大头儿子走进中广核核电基地》系列科普动画

由中国广核集团有限公司联合央视动漫集团有限公司共同创作。作品用少儿喜欢的 IP 形象，结合生动有趣的讲故事方式，让少年儿童了解核能科普知识，真正做到核能科普从娃娃抓起。

# 2021 年科学辟谣榜

## （排名不分先后）

### 1. "0 蔗糖"就是无糖

"0 蔗糖"可理解为未添加蔗糖，但并不代表该食品内不含葡萄糖、麦芽糖、果糖等其他糖类。"0 糖"和"0 蔗糖"表示的含糖成分、含糖量截然不同，有着本质的区别。

### 2. 用乳铁蛋白牙膏能杀死幽门螺杆菌

幽门螺杆菌主要寄居在人体胃部，在口腔牙菌斑、舌苔、唾液中也有少量存在，感染幽门螺杆菌会使硫化氢大量增加，引起口臭，这并非通过刷牙就能解决的。

### 3. "一孕傻三年"

生养孩子令妈妈们紧张、疲惫，睡眠质量直线下降，这会导致人经常出错。但这些都是精神紧张、睡眠不足造成的，跟"傻"不沾边。这种论调，既不尊重女性，更无科学性可言。

### 4. 核技术灭蚊对人体不安全

核技术灭蚊就是瞄准蚊子强大的繁殖能力，使用射线辐照破坏雄蚊的生育能力，让雄蚊不能正常孕育。这种灭蚊方法对环境的污染基本可以忽略不计，不会破坏生态系统平衡。

### 5. 减肥应该拒绝吃主食和油

脂肪除了能提供热量外，还具有保护脏器、维持体温、提供人体必需的脂肪酸等重要作用；主食则能提供人体必需的热量。如果为减肥拒绝摄入脂肪和主食，会导致身体无法高效运转，带来健康风险。

### 6. 水果越酸，维生素 C 含量越高

水果吃起来酸不酸，主要取决于水果中的有机酸（如苹果酸、柠檬酸、酒石酸）含量。水果的含糖量会影响水果的糖酸比例，含糖量高吃起来甜，反之更酸。

7. "左旋肉碱咖啡"可以健康减肥

虽然有大量文献证明左旋肉碱可降低体重和减少体脂，但大部分受试者都配合适量运动及合理饮食。人体自身可合成足够的左旋肉碱，单纯口服左旋肉碱并不能增加肌肉肉毒碱浓度，也不能促进脂肪燃烧。

8. 不添加食品添加剂的食品更安全

是否加入食品添加剂是由食品性质和生产工艺决定的。蛋白质含量较高的食品，必须添加一定量的防腐剂以确保食品质量安全。这也是一个复杂的问题，在 A 食品中无毒的添加剂，在 B 食品中可能就严禁添加。

9. 不渴不用喝水

不要等到身体已经发出"渴"的信号再喝水，因为一旦能够觉察到"渴"，就意味着身体至少已经缺水 2% 以上，而经常缺水对健康有不利影响。喝水要注意少量多次，可以保持一定频率，每次喝 50～100 毫升。一次喝水太多，对身体也是有害的。

10. 量子波动速读，可以提高学习能力

量子研究波的概念和水波、声波有很大区别。无论波的概念如何拓展，书本上的油墨并不具备辐射和传播的功能，书本中的知识更不会自动"跑"到人脑里。

# 2020 年十大科学传播事件

（排名不分先后）

1. 科学家座谈会召开，引发科技界热议

2020 年 9 月 11 日，习近平总书记在北京主持召开科学家座谈会并发表重要讲话，引起科学界的热烈反响。

2. 嫦娥五号探测器圆满完成探月任务

2020 年 11 月 24 日 4 时 30 分，嫦娥五号探测器成功发射，历经 23 天，成功携带月球样品返回地球，首次实现了我国地外天体采样返回。

3. 中国新冠病毒疫苗上市

我国基于 5 条不同技术路线开展新冠疫苗研发，总体进展顺利，首款国产新冠疫苗已获批附条件上市。下一步新冠疫苗将作为公共产品向全民免费提供。

4. 奋斗者号全海深载人潜水器成功完成万米海试

2020 年 11 月 10 日，我国全海深载人潜水器奋斗者号首次探底全球海底最深处——马里亚纳海沟"挑战者深渊"，下潜深度达到 10 909 米，创造了我国载人深潜新纪录。

5. 北斗三号全球卫星导航系统正式开通

2020 年 7 月 31 日，北斗三号全球卫星导航系统正式开通，北斗迈进全球服务新时代。

6. 我国量子计算机研究取得重大突破

2020 年 12 月 4 日，中国科学技术大学宣布该校潘建伟等成功构建量子计算原型机"九章"，求解数学算法"高斯玻色取样"只需 200 秒。

7. 钟南山等 4 人被授予"共和国勋章""人民英雄"国家荣誉称号

2020 年 8 月 11 日，为隆重表彰在抗击新冠疫情斗争中做出杰出贡献的功勋模范人物，根据全国人大常委会决定，授予钟南山"共和国勋章"，授予张伯礼、张定宇、陈薇（女）"人民英雄"国家荣誉称号。

### 8. 海水稻首次在青藏高原柴达木盆地试种植

2020 年 6 月，在海拔 2800 米的青海省海西蒙古族藏族自治州格尔木市河西农场，袁隆平海水稻科研团队的工作人员将海水稻移栽到柴达木盆地的盐碱地中，这是海水稻首次在高海拔的青藏高原试种植。

### 9. 国内最大规模 5G 智能电网建成

2020 年 7 月，青岛 5G 智能电网实验网项目建设完工，是目前国内规模最大的 5G 智能电网实验网，实现了 5G 智能分布式配电、5G 基站削峰填谷供电等新应用。

### 10. 华龙一号全球首堆并网发电成功

2020 年 11 月 27 日，华龙一号全球首堆——中核集团福清核电 5 号机组首次并网发电成功，标志着我国打破了国外的核电技术垄断，正式进入核电技术先进国家行列。

# 2020 年十大科学传播人物

## （排名不分先后）

### 1. 王文峰

西藏自治区农牧科学院农业资源与环境研究所所长、研究员。开展昆虫知识、绿色防控、养蜂技术等科普宣传活动，惠及大中小学生超 5400 人次，培训基层科技人员、农牧民科技特派员 3800 余人次。

### 2. 李杰

海军军事学术研究所研究员。投身国防科普工作 30 余年，参与面向部队官兵、机关干部、院校学员、中小学生的科普活动 1000 余场，为提升全民海洋意识发挥了积极作用。

### 3. 刘晨

安徽省合肥工业大学仪器科学与光电工程学院副教授，我国光电技术领域首席科学传播专家。致力于撰写科普图书和科普文章、开展科普讲座、录制音频节目，推动光学知识的普及。

### 4. 吴尊友

中国疾病预防控制中心流行病学首席专家。疫情防控期间，从专业角度对人们关心的问题进行及时有效的回应与解答，给社会带来信心和安心。

### 5. 金涌

清华大学教授，化学工程专家，中国工程院院士。发起并担任总策划的《化学化工前沿——探索未来世界》科普视频和教材，在全国面向高中和高校无偿发行两万套。

### 6. 唐立梅

自然资源部第二海洋研究所副研究员。发表多篇科普文章、开设海洋地质专栏、出版译著进行科普创作，赴云南扶贫支教，为当地带去科考见闻。

7. 雷占许

甘肃省兰州空间技术物理研究所科技委秘书长。承担中国科协创新助力工程等项目，编著科普图书 2 部，组织 10 余位讲师、数十位志愿者参与科普活动 30 余次，受众达 8000 余人。

8. 谭先杰

北京协和医院妇产科主任医师。创作的女性健康科普图书先后荣获科技部 2016 年全国优秀科普作品奖、第六届中国科普作家协会优秀科普作品奖金奖等奖项。

9. 魏世杰

山东省青岛市黄岛区科技局副研究员。撰写大量科普文章，出版科普图书 10 余种。退休后义务宣讲"两弹一星"精神，先后在多所学校做了 500 多场科普报告，听众达 30 余万人。

10. 魏红祥

中国科学院物理研究所研究员。指导创办的科普新媒体"中科院物理所"和"二次元的中科院物理所"关注人数均超百万，获中国科协"十大科普自媒体"称号。

# 2020 年十大科普作品

## （按首字字母排序）

**1. 阿 U 抗疫科普动画系列宣传片**

该作品由杭州阿优文化科技有限公司创作，共 5 集。用动画方式制作应急科普视频，在全国 500 多家电视台和互联网渠道展播，累计传播量 7.5 亿人次。

**2. 八大作：官式古建筑营造技艺**

该作品由故宫博物院策划制作，以"官式古建筑营造技艺"为主要内容，共 8 集，每集 5 分钟，展现故宫建造修缮中的工艺技法和应用实践。

**3. 大医精诚 无问西东——中西医结合抗击新冠肺炎疫情纪实展**

该展览由中国科学技术馆策划实施，展示了中医与西医医务工作者共同抗击新冠疫情的感人事迹，回溯中国古代以及新中国成立以来历次抗疫中的成功范例。

**4. 科学的力量**

该作品由中央广播电视总台纪录频道、中国科学院科学传播局、北京全景国家地理影视有限公司联合摄制，重点展现党的十八大以来的重大科技创新发展成就。

**5. "聊天儿"系列科普数据新闻**

该作品由中国气象报社、新华网共同推出，是一档围绕气象领域的热点话题，以大数据为基础、可视化为特色的深度科普栏目。

**6. "深海勇士"号载人潜水器科普展品**

该展品由中国科学院计算机网络信息中心、中国科学院深海科学与工程研究所创作，按"深海勇士"号原始比例仿建，公众可以通过虚拟操作和虚拟现实（VR）技术来体验科考过程。

**7. 首都科技创新成果展——人类与传染病的博弈主题展**

该展览由北京科普发展中心、北京科学中心策划实施，以"人类与传染病的博弈"为主题，系统展示人类对抗传染病的艰辛历程，同步推出 VR 线上展览。

8. 细胞总动员

该作品由中国科学院动物研究所创作，采用科普绘本的形式，以"病毒向人体发起攻击、人体免疫系统应战"为叙事主线，描绘病毒与人体免疫细胞的较量过程，诠释生命演化的艰难历程。

9. 这里是中国

该作品由星球研究所、中国青藏高原研究会共同创作，通过 18 个关于中国的独特话题，以及 365 张具有地域代表性的高清摄影作品，串联起地理科普和人文故事。

10. 中国大科学装置出版工程（第三辑）

该作品由中国科学院创作，用通俗易懂的语言回答了高精尖大科学装置是什么、研究什么等问题，把我国科技创新的重大成果深入浅出地呈现出来。

# 2020 年十大科学辟谣榜

## （排名不分先后）

### 1. 吸烟能预防病毒感染

吸烟会产生尼古丁和烟焦油等有害物质，迄今没有任何证据表明烟雾中的化学成分有任何抗病毒作用。吸烟有损健康，不能预防病毒感染。

### 2. 吃抗生素能预防新型冠状病毒感染

抗菌药物仅对由细菌、真菌引起的感染有效，对病毒引起的感染服用抗菌药是无效的。新冠感染的罪魁祸首是新型冠状病毒，吃抗生素并不能起到预防作用。

### 3. 服用降压药会增加感染新冠病毒的风险

网传服用血管紧张素转化酶抑制剂（angiotensin converting enzyme inhibitor, ACEI）类降压药会增加感染新冠病毒的风险，但目前没有任何临床研究数据证实这一说法。擅自停用降压药会给高血压患者带来更大的危险，应该在医生指导下正确用药。

### 4. 心梗千万别放支架

急性心梗是冠状动脉闭塞后引起心肌坏死的疾病，支架植入是开通冠脉血流的救命方法，所以急症发生时应该遵从医生的建议植入支架。

### 5. 食用油吃得越少越好

限制烹调油的使用有助于降低能量摄入水平，减少肥胖风险，但《中国居民膳食指南》推荐成人每天摄入烹调油 25～30 克，不能一味少吃油甚至不吃油，合理膳食才能吃出健康。

### 6. 国产食盐里的亚铁氰化钾有毒

亚铁氰化钾是合法食品添加剂，加到食盐里是为了防止结块，严格按照标准使用，亚铁氰化钾的安全性是有保障的，适当吃盐不用担心亚铁氰化钾中毒。

7. 儿童用药只要"减半"就好

儿童的用药剂量不能简单以成人剂量减半来计算，一般需要以儿童的体重进行计算获得准确的服药剂量。

8. 戴眼镜会加深近视度数

近视戴眼镜不会导致度数加深。一旦看不清楚，佩戴合适的眼镜可以让眼睛放松下来，延缓近视加重。

9. 日常清洁消毒液浓度越高越好

日常清洁消毒液并非浓度越高越好，大部分高浓度消毒液存在腐蚀性风险。日常清洁消毒，应注意消毒液的浓度，如果是高浓度的原液，应按照说明稀释到适当浓度，以保证安全且达到良好杀菌效果。

10. 白内障只有老年人会得，年轻人不会

老年性白内障是最常见的类型，但白内障在儿童及各个年龄段的人群中均可能发病，其发病机制与营养、代谢、环境和遗传等多种因素有关。

# 2019 年十大科学传播事件

## （排名不分先后）

1. 嫦娥四号登陆月球背面

2019 年 1 月 3 日，嫦娥四号探测器成功着陆在月球背面东经 177.6 度、南纬 45.5 度附近的预选着陆区，并通过"鹊桥"中继星传回了世界上第一张近距离拍摄的月背影像图。此次任务实现了人类探测器首次月背软着陆。

2. 人类史上首张黑洞照片问世

2019 年 4 月 10 日，包括中国在内，全球多地天文学家同步公布了"事件视界望远镜"（EHT）项目的第一项重大成果：人类有史以来获得首张黑洞照片。

3. 我国成功完成首次海上航天发射

2019 年 6 月 5 日，我国在黄海海域使用长征十一号运载火箭（CZ-11 WEY 号）成功完成"一箭七星"海上发射技术试验。这是我国首次在海上进行航天发射，填补了我国运载火箭海上发射的空白。

4. 我国正式发放 5G 商用牌照

2019 年 6 月 6 日，工业和信息化部正式向中国电信、中国移动、中国联通、中国广电发放 5G 商用牌照，我国正式进入 5G 商用元年。

5. 屠呦呦团队在"青蒿素抗药性"等研究中获新突破

2019 年 6 月 17 日，屠呦呦及其团队经过多年攻关，在"抗疟机理研究""抗药性成因""调整治疗手段"等方面取得新突破，获得世界卫生组织和国内外权威专家的高度认可。

6. 我国科学家开发出新型类脑芯片

2019 年 8 月 1 日，来自清华大学等单位的研究人员开发出全球首款异构融合类脑计算芯片。该芯片结合了类脑计算和基于计算机的机器学习，这种融合技术有望促进人工通用智能的研究和发展。

### 7. 我国自主研制最大直径盾构机深圳始发

2019 年 8 月 13 日，我国自主研制的最大直径泥水盾构机春风号在深圳春风隧道始发，正式投入使用。该设备是迄今我国自主设计制造的最大直径的泥水平衡盾构机，其设计制造技术达到世界先进水平。

### 8. 袁隆平等 42 人被授予"国家勋章""国家荣誉"称号

2019 年 9 月 17 日，国家主席习近平签署主席令，根据十三届全国人大常委会第十三次会议表决通过的全国人大常委会关于授予"国家勋章"和"国家荣誉"称号的决定，授予 42 人"国家勋章""国家荣誉"称号。

### 9. 哈勃空间望远镜拍到星际彗星首张清晰图像

2019 年 10 月 16 日，由美国国家航空航天局（NASA）和欧洲航天局（ESA）管理的哈勃空间望远镜，为首颗被"验明正身"的星际彗星"2I/ 鲍里索夫"拍摄了照片，这是迄今望远镜为这颗神秘星际天体拍摄的最清晰的照片。

### 10. 中国火星探测任务首次公开亮相

2019 年 11 月 14 日，我国首次火星探测任务着陆器悬停避障试验在河北省怀来县完成。此次试验是我国火星探测任务的首次公开亮相。

# 2019 年十大科学传播人物

## （排名不分先后）

### 1. 王元卓

中国科学院计算技术研究所研究员、博士生导师，中科大数据研究院院长。因手绘《流浪地球》电影讲解图受到公众广泛关注，坚持做"好玩的"科普，创作的手绘科普读物深受孩子和家长的欢迎，被称为"硬核科学家奶爸"。

### 2. 冈特·鲍利（Gunter Pauli）

世界知名经济学家、生态活动家、国际智库罗马俱乐部成员、"蓝色经济"模式创始人和零排放研究创新基金会（ZERI）发起人。他深入浅出地讲述地球生态面临的问题和解决方案，连续 6 年参加生态环保科普讲座，对普及和深化生态环境教育发挥了积极的推动作用。

### 3. 牛望

安徽省地震局应急救援处副处长。他扎根基层，积极开展防震减灾科普工作，通过多种形式，利用网络、电视、广播、报纸等平台，传播有用、有趣、有料的防震减灾知识、技能和理念。

### 4. 旭东

四川省广播影视少数民族语言译制播出中心《云丹科普苑》栏目制片人、主持人。他长期在藏区用藏汉双语的形式开展线上线下科学传播工作。他和团队还会定期开展藏汉双语科普宣传活动，为藏区公众科学素质的提升做出了突出贡献，惠及数百万藏族同胞。

### 5. 刘晓东

辽宁省大连市气象局气象节目主持人、气象科普使者。他利用自身影响力先后在多个知名节目和大型活动现场进行科普讲解，成为气象科普的"使者"。

### 6. 陈征

北京交通大学国家级物理实验教学示范中心教师、青年科学家社会责任联盟副秘书长。他积极通过电视、网络等平台，以多种形式传播科学知识。

7. 林群

中国科学院院士、中国科学院数学与系统科学研究院研究员，主要从事泛函分析、计算数学研究。他曾说："教学不能脱离科普，科研也不能脱离科普，因为科学最终是要面向大众的。"

8. 赵静

上海市闵行区中心医院神经内科主任、复旦大学临床医学院神经病学系副主任。她提出"中风 1-2-0"迅速识别中风并即刻行动的方法，开展数百场中风急救科普活动，创作了系列方言版视频。

9. 耿华军

科普自媒体"星球研究所"创始人。他带领团队与专业科研机构和相关领域的科学家建立广泛合作，本着严谨的创作态度，以文字、影像等形式创作科普内容，传播地理、地质、工程、天文等学科领域知识。

10. 徐海

中南大学教授，主要从事有机光电材料研究。因关注到化学常被公众"妖魔化"，自 2010 年起，他开始投入大量时间积极创作化学类科普作品，宣传"化学创造美好生活"的科学理念。

# 2019 年十大网络科普作品

## （排名不分先后）

1."3 分钟回答你对垃圾分类的所有疑问"视频

本视频基于准确的数据、科学的道理，用动画的方式告诉公众，惹人厌的垃圾其实是放错地方的资源。

2."中国旱涝五百年"H5

首次通过交互可视化的形式深度挖掘和分析从明朝至今（1470～2018 年）全国各地的旱涝气候变化，向公众科普 500 多年来全国旱涝时空规律和分布格局，解释我国自古以来旱涝频发的原因。

3."中国稀土 点亮未来"视频

该视频邀请到稀土领域的四位知名院士作为科学顾问，结合专家实拍与后期特效制作，让公众了解到稀土是什么、稀土有什么用、中国稀土为何能影响世界等。

4."百年孤独的阿尔茨海默病"主题演讲

由 SELF 格致论道讲坛创作。该视频解读了阿尔茨海默病的详细发病机理及预防方法，帮助公众进一步了解阿尔茨海默病。

5."百变小加之小加向前冲"系列视频

该片通过动漫形象"小加"与家庭成员对话设定细分传播人群，由日常生活中的点滴小事引出科普话题。

6."欧阳自远院士：我们为什么非要到月球的背面去"视频

该视频以专家采访和三维模拟动画相结合的形式，面向公众进行科学知识解读，使观众更直观、更清晰地了解嫦娥四号和月球背面的相关知识。

7."科技向未来"主题演讲

聚焦群众关心的前沿科技，邀请相关专家学者，通过主旨演讲、互动对话等形式，以通俗易懂的方式解读深奥的前沿科技。

8."科学榜样"系列音频

选取中国知名科学家,以他们的科研经历、人物故事为背景策划、制作科学家故事,弘扬科学家追求真理、勇攀高峰的科学精神。

9."美丽科学 | 中国动物:展现中国两栖和爬行动物之美"视频

2019 年,"美丽科学"团队对中国特有的数种蛙类进行了较为系统的调查,重点拍摄了数十种两栖与爬行动物,同时记录了数种地貌环境。

10."紫禁城·天子的宫殿——地下寻真"视频

《紫禁城·天子的宫殿——地下寻真》作品聚焦故宫考古,带观众前往故宫的考古遗址,近距离发现紫禁城地下的秘密。

# 2019 年十大科普自媒体

## （排名不分先后）

**1. "二次元的中科院物理所" bilibili 账号**

"二次元的中科院物理所"是中国科学院物理研究所在哔哩哔哩（bilibili）开设的官方账号，主要面向青少年传播科学内容。

**2. "中国天气网"微信公众号**

中国气象局公众服务门户网站——中国天气网于 2013 年创建微信公众号，形成了重大天气气候事件解读、公众生活预警科普、社会热点趣味科普三种科普创作模式。

**3. 新浪微博"中国国家天文"**

"中国国家天文"微博账号的原创比例超过 2/3，该微博账号还推送国内外天文学前沿进展、天文摄影类作品及纸刊原创内容。

**4. "中国科技馆"快手号**

"中国科技馆"快手号创建于 2019 年，至今发布原创视频 56 部，粉丝数超过 49 万，视频播放量超过 6000 万人次，点赞数超过 150 万。此外，还策划推出了多场现象级科普活动。

**5. "中国科普博览"抖音号**

作为国家科普信息化融合创作与传播微生态系统的媒体矩阵旗舰媒体，"中国科普博览"抖音号以优质的原创内容和趣味的短视频方式，结合重大科技事件、生活热点等话题，进行科学解读，传播科学声音。

**6. 新浪微博"中国消防"**

"中国消防"微博账号创建于 2013 年，以传递消防科学知识为理念，主要发布突发事件消防救援、消防业务、消防科普知识、消防员的生活等内容。

**7. "把科学带回家"微信公众号**

"把科学带回家"是面向 6～14 岁青少年开设的科普教育微信公众号，创建于 2015 年，用户数 31.3 万。平台主要推送国内外优质科普内容，以图文、音视频等形式为青少年解读前沿科学。

8. 新浪微博"急诊夜鹰"

王西富医生于 2012 年创建新浪微博"急诊夜鹰"。作为长期工作在急诊一线的医生，他基于丰富的急救经验创作了大量简明、实用、符合循证指南的急救科普文章与视频。

9. "量子学派"微信公众号

该公众号围绕自然科学和数理哲领域，通过电子书、音视频等方式让读者了解科学、自然、逻辑、法学、金融、数学、哲学等九大领域的内容。

10. 新浪微博"游识猷"

"游识猷"是果壳网主笔颜园园的个人微博，主要创作和发布心理学、健康医学、生物学等内容，每月总阅读数均在千万以上。

# 2019 年十大科学流言终结榜

## （排名不分先后）

**1. 5G 基站辐射对人体会产生很大影响**

首先，辐射是一种能量传递方式。地球本身就是一个大磁场，电场辐射已经是人们生活中密不可分的一部分。其次，按照国家标准要求，工程施工会控制在 8 微瓦 / 厘米 $^2$ 以内，实际环境中的电磁辐射水平都会比安全限值低很多。

**2. 中国高铁辐射严重，"坐高铁＝照 X 光"**

高铁的高压电力设备产生的电磁辐射属于极低频电磁辐射，属于非电离辐射，完全不同于医院里 X 光的电离辐射。中国高铁的电磁辐射量要远远低于国际标准，根本不可能对人体造成伤害。

**3. 长期服用降压药致死**

服用降压药的目的是避免靶器官的损害，所以并不会造成患者的死亡。此外，经科学证实，降压药基本没有成瘾性，不会让患者产生强烈的药物依赖。

**4. 电子烟无毒无害，是戒烟的利器**

虽然电子烟不含焦油，相对传统卷烟危害小一些，但电子烟中含有对健康有害的尼古丁。有些电子烟的尼古丁含量甚至超过传统卷烟，所以抽电子烟并不能帮助吸烟者有效戒烟。

**5. 饥饿能够"饿死"肿瘤，延缓衰老**

研究发现，营养不良的人肿瘤发生率更高，如果肿瘤患者患有合并营养不良症，会导致免疫力进一步下降，不利于疾病的治疗和康复。

**6. 孕妇不可接种流感疫苗**

孕妇在孕期的任一阶段均可接种流感疫苗。应注意，孕期接种灭活疫苗是可以的，但应禁止接种非灭活疫苗，这类疫苗有潜在的感染胎儿的风险。

**7. 抑郁症不是病，就是太矫情**

抑郁症是当今社会上常见的一种精神疾病，其典型症状是持续性的情绪低落、注意力难以集中、记忆力减退以及失眠等，严重的还可能导致自杀。患有抑郁症的人无法通过意志力控制痛苦。

## 8. 低盐饮食不健康

盐的主要成分是氯化钠，不仅是重要的调味品，而且是维持人体正常代谢不可缺少的物质。过量摄入食盐会引起许多健康问题，远超健康标准，因此控盐、减盐才是正确做法。

## 9. 近视能治愈

除了因睫状肌痉挛所致的"假性近视"外，近视是不可逆的，严重的甚至会导致失明。

## 10. 液化气钢瓶着火一定要先灭火再关阀门

燃气瓶起火时先关阀门会导致燃气瓶爆炸，这一说法是缺乏消防常识的表现。

# 2018 年十大科学传播事件

## （排名不分先后）

**1. 嫦娥四号成功发射，开启人类首次月背探测**

2018 年 12 月 8 日 2 时 23 分，我国在西昌卫星发射中心用长征三号乙运载火箭成功发射嫦娥四号探测器。嫦娥四号通过已在使命轨道运行的"鹊桥"中继星，实现了月球背面与地球之间的中继通信，开启了月球探测的新旅程。

**2. 港珠澳大桥正式开通**

港珠澳大桥开通仪式于 2018 年 10 月 23 日上午在广东省珠海市举行。港珠澳大桥东接香港特别行政区，西接广东省珠海市和澳门特别行政区，是"一国两制"下粤港澳三地首次合作共建的超大型跨海交通工程。

**3. 2018 未来科学大奖颁奖典礼举行，7 位科学家获奖**

2018 年 11 月 18 日，2018 年未来科学大奖颁奖典礼在京举行。李家洋、袁隆平、张启发、马大为、冯小明、周其林、林本坚 7 位科学家获颁 2018 年未来科学大奖。

**4. 天河三号 E 级原型机完成研制部署**

2018 年 7 月下旬，由国防科技大学牵头研制的天河三号 E 级原型机系统完成研制部署并通过验收，标志着我国向新一代百亿亿次（E 级）超级计算机发起了冲锋。

**5. 首届世界公众科学素质促进大会举办**

2018 年 9 月 17 日，世界公众科学素质促进大会在北京开幕，国家主席习近平向大会致贺信，本届大会主题为"科学素质与人类命运共同体"，通过并发表了《世界公众科学素质促进北京宣言》。

**6. 高分五号卫星成功发射**

2018 年 5 月 9 日，我国在太原卫星发射中心用长征四号丙运载火箭成功发射高分五号卫星。高分五号能够探测大气、水体等物质的具体成分，满足我国环境监测等方面的迫切需求。

7. "中国天眼" FAST 首次发现并认证毫秒脉冲星

世界最大单口径球面射电望远镜（FAST）于 2018 年 2 月 27 日首次发现一颗毫秒脉冲星，并得到国际认证，这也是 FAST 继发现脉冲星之后的另一重要成果。

8. 袁隆平团队在沙漠种植水稻初获成功

2018 年 5 月 26 日，在来自印度、埃及、阿联酋等国家专家的参与下，中国工程院院士袁隆平带领的青岛海水稻研发中心团队在迪拜热带沙漠地区试验种植水稻初获成功。

9. "创新引领未来，智慧点亮生活" 2018 全国科普日活动举办

2018 年 9 月 15 日，由中国科协、中宣部、教育部、科技部、工业和信息化部、中国科学院联合主办的 2018 全国科普日活动在全国范围同步启动。本届科普日以 "创新引领未来，智慧点亮生活" 为主题。

10. 天鲲号自航绞吸挖泥船试航成功

经过为期近 4 天的海上航行，首艘由我国自主设计建造的亚洲最大自航绞吸挖泥船——天鲲号于 2018 年 6 月 12 日成功完成首次试航。

# 2018 年十大科学传播人物

（按姓氏笔画排序）

### 1. 王绶琯

中国科学院国家天文台研究员、名誉台长，中国科学院院士。他创立了北京青少年科技俱乐部，俱乐部会员中不乏国际科学前沿研究的佼佼者，他也被会员们称为"科学启明星"。

### 2. 杜文龙

中国军事文化研究会网络研究中心主任。他带领团队针对军事装备的特殊性能，积极地进行线上线下的科普创作及传播，推动拓展学科科普工作。

### 3. 李道贵

云南省地震局高级工程师。他积极参加各类线上线下科普活动，向公众普及防震避险的科学知识、自救互救的基本技能和抗震设防的基本要求，弘扬正能量。

### 4. 张琦卓（田妮儿）

黑龙江广播电视台乡村广播策划推广部主任、主持人。在 11 年的工作中，她一直以一名媒体工作者的责任和使命为科普惠农代言，是黑龙江广大农民心中名副其实的科普宣传使者。

### 5. 张福锁

中国农业大学植物营养系教授、中国工程院院士。作为全国著名植物营养研究专家，他长期致力于土壤肥料知识、农业绿色高产高效技术和农业理念的宣传普及，实现了科普与扶贫、科普与扶智的有机结合。

### 6. 林国乐

北京协和医院主任医师。他将专业领域的医学知识灵活应用于医学科普领域，紧扣大众需求，将很多羞于启齿的疾病变成引人入胜的科普话题，公众认知度高，拥有众多粉丝。

7. 周兵

国家气候中心首席专家。他创作了大量科普作品与报告材料，积极推动气象科普事业的发展，被媒体界和业内同行称为"气候男神"。

8. 胡大一

北京大学人民医院心血管病研究所所长、主任医师、教授。他积极面向社会公众开展心血管健康知识科普传播，开设健康大课堂，录制电视科普节目，编著心血管健康科普图书，开设微信微博公众号，开展线上线下健康科普活动。

9. 袁岚峰

中国科学技术大学副研究员、网络科普"大V"。他与观视频工作室合作推出的"科技袁人"节目面向公众传播科学思维方式、科学规范与多个领域的科学知识。

10. 高文斌

中国科学院心理研究所研究员，中国心理学会心理学普及工作委员会主任。他牵头完成了我国首部心理学公众科普指导工具书《公众心理科普纲要》供全国心理科普工作使用。

# 2018 年十大网络科普作品

## （排名不分先后）

1.《3 分钟揭秘嫦娥四号月球背面之旅》视频

该作品由腾讯公司制作，对"为何在地球上看不到月球背面"、嫦娥四号的主要任务、嫦娥四号月球车的科学载荷等知识进行科普，浏览量超过 309 万。

2.《突破瓶颈！光学系统制造达世界先进》视频

该作品由中国科学院长春光学精密机械与物理研究所联合中国科普博览网站共同创作，使用实景拍摄、专家采访及三维动画等方式，呈现了研制 4 米量级大口径碳化硅反射镜的重要意义。

3."国宝一百天成长记"系列微视频

该作品由中央电视台综合频道《正大综艺·动物来啦》、成都大熊猫繁育研究基地以及央视新闻新媒体联合创作，视频展示了大熊猫的育幼过程，总播放量超 3500 万。

4.《李治中：癌症的真相》主题演讲

本作品为科普作家李治中（笔名菠萝）在网络视频节目中的主题演讲，介绍了癌症的现状、治疗的发展，分析了大众对癌症的诸多认知误区。

5.《机智过人（第二季）》电视节目

该作品自 2018 年 8 月 11 日晚 8 点起登陆中央电视台综合频道，以人工智能为切入点，通过"人机比拼"普及前沿科技。

6."我的科学之 yeah"线上挑战活动

该作品由中国科学技术馆抖音官方号"神奇实验室"发起与制作。参与者结合音乐节奏完成"扔水瓶立在桌上"等挑战，同时"神奇实验室"抖音账号发布相关视频，讲解挑战中蕴含的科学原理。

7."科普帮帮忙"系列微视频

"科普帮帮忙"系列微视频运用科学知识服务广大观众，在中央电视台综合频道播出，主题涉及公众生活中的诸多疑惑。播出后，高收视率位居早间时段第一名，受益观众破亿。

8.《真相》栏目

该作品由人民网股份有限公司制作，每月通过舆情数据分析、筛选与整理当月热点流言，并邀请相关领域专家及时辟谣。

9."解读基因编辑"系列作品

该作品由果壳编辑部制作，通过独家资讯及视频素材，解释事件的潜在影响并全面科普 CRISPR 基因编辑技术。

10."真相来了"系列音频

该作品由中国科学技术出版社创作，以辟谣的形式传播科学知识。作品在喜马拉雅 FM 等音频平台发布，累计播放量已超 910 万。

# 2018 年十大科普自媒体

## （排名不分先后）

1.《加油！向未来》官方抖音号

作为电视节目自媒体，《加油！向未来》官方抖音号践行国家媒体促进科学普及、传播科学知识的职责与使命，致力于传播科学实验内容和短视频，解锁科学新玩法，具有独特的科普风格。

2. 新浪微博"中国天气"

中国天气网官方微博致力于创新气象科普宣传，坚持发布有趣、有料的原创内容，多次在重大天气事件中引导舆论，制造科普话题，让"高冷"的气象科普变得"接地气"、有温度。

3. 新浪微博"中国数字科技馆"

作为中国科学技术馆在微博平台的官方账号，"中国数字科技馆"专注于推广和宣传实体场馆以及数字馆的相关科普资源，在第一时间满足网友获取科学知识的需求，拉近公众与科学之间的距离。

4. "中国科普博览"今日头条号

"中国科普博览"今日头条号依托中国科学院计算机网络信息中心，致力于汇聚和传播高端、前沿、特色科学资源，关注社会生活和热点中的科学。

5. "物种日历"微信公众号

"物种日历"微信公众号是自然类科学写作平台和原创内容输出平台，传播内容以物种介绍为核心，专业性、趣味性有保障。

6. "混子曰"微信公众号

"混子曰"微信公众号专注于以漫画科普的方式传播科学知识，降低了获取知识的门槛，涉及领域涵盖历史、人文、物理、化学、生物、健康、金融、科技等。

7. 新浪微博"国家动物博物馆员工"

该微博博主张劲硕是中国科学院动物研究所博士、高级工程师，国家动物博物馆科普策划总监。他通过日常分享动植物知识，致力于在动植物及栖息地保护保育、动植物科普等方面向公众普及科学知识。

8. 新浪微博"Steed 的围脖"

"Steed 的围脖"以图片、文字、视频等多种方式，通俗易懂地介绍天文发现、追踪天象奇观、跟进航天及深空探测的最新进展。

9. 新浪微博"植物人史军"

微博博主、植物学博士史军用文字、图片和视频的形式展现水果、植物、生命之美，阐释隐藏在植物背后的人类故事，通过植物科普传递生命的正能量。

10. 新浪微博"玉龙小段"

该微博博主段玉龙是北京人民广播电台科学节目制作人、主持人，第二十八届中国新闻奖一等奖获得者。他积极在新浪微博等平台开展科普节目直播，影响力较强。

# 2018年十大科学流言终结榜

## （排名不分先后）

**1. 人的体质有酸碱之分**

人体调节酸碱平衡的机制非常复杂，但体液酸碱度总体上十分稳定，仅仅依靠吃某些食物就产生明显的改变几乎是不可能的事情。pH值异常是疾病的结果，而非导致疾病的原因。

**2. 足贴能够吸附体内毒素，具有排毒功效**

人体排出废弃物主要是通过粪便、尿液、呼吸、汗液、毛发等途径，脚底板并不是主要途径。

**3. 咖啡致癌**

国际癌症研究机构（IARC）和世界癌症研究基金会（WRCF）均发布过相关报告，指出并没有证据证明喝咖啡会使人致癌。同时，有部分证据表明，咖啡能降低患某些癌症的风险。

**4. 房间放洋葱可防流感**

洋葱中含有有机硫化物（辛辣味的来源），对细菌有一定的抑制作用。然而，流感是病毒感染造成的，洋葱对病毒并没有抑制作用。

**5. 接触超市小票会致癌**

虽然购物小票上有双酚A，但每克小票中的双酚A含量仅为0.0139克，通过触摸进入人体的量就更少了。消费者一天接触几张购物小票，致癌概率是可以忽略不计的。

**6. 科学家研发白菜价"神药"可延长寿命至150岁**

烟酰胺单核苷酸（NMN）在一定程度起到了逆转生理老化、维持年轻体力的效果。但样本数量过少，如果要证实同样的效果能在人体复现，需要再做人体试验，现在就吹嘘其为返老还童的灵丹妙药过于夸张和离谱。

7. 常吃米饭会诱发糖尿病

糖尿病是一个多因素引发的疾病，与遗传、生活方式都有关。

8. 牛奶致癌

"牛奶致癌"是公众对一项实验研究的错误解读。有关牛奶与癌症的流行病学调查证据也说明，当前膳食指南推荐的牛奶摄入量（约每天一杯）并不会增加患癌症的风险。

9. 食盐中含亚铁氰化钾，不可食用

亚铁氰化钾是一种合法的食品添加剂，其化学性质十分稳定，想要分解亚铁氰化钾，需要在400℃下完成。人们平时在家做饭，温度达到200℃时，菜就已经烧焦了。

10. 大蒜炝锅会致癌

大蒜炝锅过程中产生的丙烯酰胺，其实是食物发生"美拉德反应"的副产物。根据国家食品安全风险评估中心及香港食物环境卫生署的科学意见，当前国人饮食中的丙烯酰胺尚不足以危害健康。

# 2017 年十大科学传播事件

## （排名不分先后）

**1. 2017 全国各地科普日活动精彩纷呈，公众线上感受科学魅力**

2017 年全国科普日活动以"创新驱动发展，科学破除愚昧"为主题，全国各地共举办重点活动 11 154 项，包括线上活动 924 项，线下活动 10 230 项。

**2. 国产大飞机 C919 首飞成功**

2017 年 5 月 5 日 14 时，中国第一架具有完全自主知识产权的国产干线客机 C919 成功上天，其成功着陆标志着国产大飞机与波音、空客分庭抗礼的时代正式开启。

**3. 中国高铁新成员复兴号亮相**

2017 年 6 月 25 日，中国高铁家族迎来了具有完全自主知识产权的中国标准动车组——复兴号，其寿命延长了 10 年。

**4. 国之重器"风云卫星"领跑全球，微信"变脸"促卫星科技前沿话题迅速升温**

2017 年 12 月 8 日，风云三号 D 星首幅可见光图像成功传回地面。2017 年 9 月 25 日下午 5 点到 28 号下午 5 点，微信启动图页换成我国卫星成像图，引发卫星科技前沿话题的迅速升温。

**5. 天舟一号与天宫二号顺利完成首次自动交会对接**

2017 年 4 月 22 日 12 时 23 分，天舟一号与天宫二号顺利完成自动交会对接。这是天舟一号与天宫二号进行的首次自动交会对接，也是我国自主研制的货运飞船与空间实验室的首次交会对接。

**6. "一箭双星"成功发射，北斗步入全球组网新时代**

2017 年 11 月 5 日 19 时 45 分，我国在西昌卫星发射中心用长征三号乙运载火箭，成功发射两颗北斗三号全球组网卫星，标志着中国北斗卫星导航系统步入全球组网新时代。

### 7. 量子卫星科学实验获重大突破

墨子号量子卫星率先实现了千公里级的星地双向量子纠缠分发，打破了此前国际上保持多年的百公里级纪录。

### 8. AlphaGo Zero 战胜 AlphaGo！人工智能再度升温

2017 年，AlphaGo Zero 使用纯粹的深度强化学习技术和蒙特卡罗树搜索，以 100 ∶ 0 的比分击败 AlphaGo，这也让人工智能话题再度升温。

### 9.《中国青少年科学总动员》节目掀起热潮

《中国青少年科学总动员》节目是中国科协与中央电视台面向广大青少年和社会公众联合打造的全新大型科普益智类节目。

### 10. 喜迎十九大·科技创新热词解析系列报道

党的十九大召开期间，科学普及出版社联合中央重点新闻媒体——中国经济网，以中国科协编撰的图书《习近平科技创新论述热词解析》为蓝本，推出《砥砺奋进的五年——科技创新热词解析》系列图解，对自党的十八大以来中国经济建设中的前沿科技成果进行科普与展示。

# 2017 年十大科学传播人物和特别奖

## （排名不分先后）

**1. 张双南：积极进行线上线下的科普创作及传播**

张双南是中国科学院高能物理研究所研究员。他积极地进行线上线下的科普创作及传播，在科普领域取得的成绩被媒体大量报道，并受到了公众的普遍关注。

**2. 王陇德：做通俗易懂、可操作、接地气、正能量的科普**

王陇德院士是中华预防医学会会长、国家卫生计生委健康促进与教育专家指导委员会主任委员。他热心公益科普，传播的科普知识通俗易懂、可操作、接地气、正能量，受众喜欢，影响深远。

**3. 顾中一：致力于营养科普工作**

顾中一是注册营养师，中国营养学会营养科学传播奖获得者，致力于营养科普工作。2017 年底，他在每年一度的微博 V 影响力峰会主会场、中国健康传播大会进行了演讲和科学传播心得分享。

**4. 王韬：发起"达医晓护"全媒体医学科普品牌**

王韬是中国科普作家协会医学科普创作专委会主任委员、上海市第六人民医院急诊部主任。他撰写科普文章 200 余篇，主编科普著作 4 部，发起了"达医晓护"全媒体医学科普品牌。

**5. 陈小兵：被誉为"中原肿瘤科普第一人"**

陈小兵是郑州大学教授，河南省肿瘤医院内科副主任、主任医师，河南省首席科普专家。他热心医学科普，积极推广"预防为主"的防癌理念，为肿瘤科普殚精竭虑，被誉为"中原肿瘤科普第一人"。

**6. 张辰亮：用现代科学解读中国古代博物学**

张辰亮是《中国国家地理》旗下的《博物》杂志策划总监，科普作者，为各大媒体撰写过数百篇科普文章。运营新浪微博"博物杂志"账号，著有《海错图笔记》，用现代科学解读中国古代博物学文献。

7. 钟凯：致力于打击食品谣言，传播健康真知

钟凯是科信食品与营养信息交流中心副主任。他在多个知名平台发表了大量食品科普作品，其风趣幽默、通俗易懂的文风得到读者的认可，在打击谣言、传播真知方面起到了重要作用。

8. 徐颖：传播科学知识，传递科学精神

徐颖是中国科学院光电研究院导航技术研究室副主任、研究员、博士生导师。她积极参与科学普及推广活动，做了多场科普讲座，参与多个科普节目的录制，积极地向公众传播科学知识，传递科学精神。

9. 孙怡（小雨姐姐）：24 年中为孩子们讲了近万个科普故事

孙怡是北京人民广播电台主持人，致力于面向青少年普及科学知识。她不仅讲科普故事、创作科普童话，还演出儿童科普故事会，特别是热情地为残障儿童和"红丝带"的孩子们演出。

10. 尹传红：深受读者喜爱的科普作家

尹传红是《科普时报》总编辑、中国科普作家协会常务副秘书长。他在从事科技新闻报道的同时，一直致力于科普相关活动，涉足诸多领域，是业界公认的科普专家和深受读者喜爱的科普作家。

11. 特别奖：中国科学院老科学家科普演讲团

中国科学院老科学家科普演讲团组建于 1997 年，是以中国科学院科学家为主，由各部委、院校专家、教授组成的一支科普队伍。

# 2017 年十大网络科普作品

## （排序不分先后）

1.《奇幻科学城》电视节目

《奇幻科学城》由《奇幻科学城》节目组创作，以"大教授对话小少年"为核心模式，节目内容与生活息息相关，讲解方式妙趣横生。

2.《加油！向未来》电视节目

《加油！向未来》由央视创造传媒有限公司创作，是一档大型科普节目，通过甄选具有感染力和启发性的实验项目，讲述大国重器、展现大国科技，最大限度地吸引大众关注科学。

3.《农业生产废弃物资源化利用》系列动画

该作品由中国农学会创作，对加快节水节肥节药、畜禽粪便处理、秸秆综合利用和残膜机械化回收与低成本可降解地膜等技术推广，打造现代农业和建设美丽乡村具有积极作用。

4.《二十四节气》系列手绘动画

《二十四节气》系列手绘动画由中国气象局气象宣传与科普中心创作，在解读传统二十四节气文化中融入现代气象科学知识，将自然和人文相结合。呈现形式新颖，画风幽默风趣，网络播放总量达 1.28 亿。

5.《科学我最辣——科学麻辣脱口秀》微视频

《科学我最辣——科学麻辣脱口秀》由北京科普发展中心创作，通过选择大众喜爱的科学领域，邀请相关大咖、达人进行现场脱口秀，将线下传播与线上传播结合，第一季全网视频访问量超过千万次。

6."说说身边的谣言"留言征集 H5

该作品由人民网股份有限公司创作，通过"说说身边的谣言——2017 全国科普日特别策划"留言征集 H5，对网友身边的流言进行征集，并制作相应的辟谣稿件、视频。

7.《科普有道》系列音频

《科普有道》系列音频栏目由中国科学技术出版社创作，以独具匠心的形式、活泼幽默的风格、专业严谨的态度传播科学知识、传递正能量。

8.《重现化学》系列视频

《重现化学》由"美丽科学"团队和中国化学会共同创作，作品采用艺术化的手法，将化学反应作为创作的基本要素，结合音乐与剪辑，让大众感受到化学独特的美感。

9.《核电科普——核电站到底有多危险？》视频

该作品由大亚湾核电运营管理有限责任公司创作，从第三方视角，以幽默、辛辣、有趣的风格与公众探讨核安全。

10.《天舟一号：太空补给排头兵》微视频

《天舟一号：太空补给排头兵》由中国科普博览团队与胡桃夹子工作室共同创作，展现我国全新设计并成功发射的货运飞船天舟一号的强大运载能力。

# 2017 年十大科普传播自媒体

## （排名不分先后）

1. 新浪微博"果壳网"：让科学流行起来

作为互联网上独树一帜的科普品牌，果壳网通过践行"一切新闻都是科技新闻"的传播理念，致力于在新媒体上倡导促进科学传播、普及科学知识、倡导科学。

2. 微信公众号"好奇博士"：热衷"不正经"的科普

自 2015 年成立以来，"好奇博士"一直致力于以诙谐有趣的表现方式，对社会热点和冷门知识进行"不正经"的科普，让原本晦涩难懂的知识变得形象生动。

3. 微信公众号"中国科学院物理研究所"：引导青少年迷上物理

中国科学院物理研究所微信公众号依托该所独特的学科优势，为全国学术同行及科学爱好者搭建一个交流沟通的专属平台，引导青少年迷上物理，爱上科学，用科技报国，用科技强国。

4. 微信公众号"中国好营养"：分享营养领域知识

"中国好营养"微信公众号是由中国营养学会主办的唯一的科普性营养信息平台，致力于与全国所有工作在营养领域的工作者分享前沿科普信息，并携手促进公众营养科学水平的提升。

5. 微信公众号"象爸象妈"：打造儿童科学教育媒体

微信公众号"象爸象妈"是"作业盒子"旗下的儿童科学教育自媒体，专注于为儿童提供科学教育内容。团队坚持内容准确性优先、逻辑与趣味并重的创作原则，旨在打造国内领先的儿童科学教育媒体。

6. 微信公众号"星球研究所"：专注探索极致风光

作为地理科普自媒体，该公众号的作品以原创图文为主，以生动的语言和优质的摄影作品见长，借文章分享知识，展现摄影佳作，传递积极的价值观，让读者看到视觉美背后的内涵。

7. 自媒体"百科名医"：科普权威医学内容

百科名医网成立于 2010 年 5 月，是中国最大的权威医学科普知识内容制作与传播平台，是国家卫生计生委权威医学科普项目唯一指定网站。

8. 微信公众号"科学大院"：传递科学家的声音

"科学大院"是中国科学院官方科普微信平台，长期致力于权威、热点、前沿的科学普及，向公众传递科学家的声音。内容主要由一线科研人员创作，原创度高、权威性强。

9. 新浪微博"河森堡"：用科普讲解征服观众

河森堡是国家博物馆讲解员、全国空手道季军、探秘最早智人化石发现地的勇者，被称为"有最强战斗力的讲解员"。

10. 略

# 2017 年十大科学流言终结榜

## （排名不分先后）

1. 紫菜是黑色塑料袋做的

紫菜自身富含胶类等多糖物质、浸泡水温不够或者时间较短、偏后收割等，都可能导致紫菜"撕不断、嚼不碎"。

2. 肉松是棉花做的

《中国食品药品监管》杂志社微信公众号"CFDA 中国食品药品监管"刊文称：肉松的本质是肌肉纤维，入口即化。棉花的本质是植物纤维，是一种不可溶的纤维，虽然看上去很松软，但嚼不烂。

3. 微波炉加热食物致癌

微波炉是通过其产生的辐射电子形成有序的空间电子流，交变电子流会激发极化食物中的水分子产生交变运动从而发热，水再将产生的热传递给食物，将其烧熟。所以，微波炉主要作用的是食物中的水分子，不会对人体产生有害影响。

4. 英国权威医学杂志《柳叶刀》（The Lancet）发表的一项研究衍生出一个结论：多吃主食死得快

中国营养界专家分析后表示，英国的这项研究本身就存在一些问题：第一，这篇文章采用的应为中国 30 年前的数据；第二，文章没有说明是什么种类的碳水化合物，不同种类的碳水化合物会带来完全不同的结局；第三，研究中入组人群的健康状况也存疑。

5. 月球背面有外星人

所有探月任务都没有在月球背面发现外星人的基地，也没有发现任何人工建筑物或人为活动的痕迹，月球背面看起来只是一片保存了 40 亿年之久的荒凉大陆。

6. 长期喝豆浆会致乳腺癌

豆浆等天然大豆食物含雌激素，但其所含的是植物类雌激素大豆异黄酮，含量有限，人体能吸收的量也很少，没有害处。乳腺癌患者不要食用含植物雌激素的食品，因为这可能会进一步扰乱人体的雌激素平衡，加重病情。

7. 同时吃螃蟹和柿子会中毒

在实验室里，维生素 C 有可能使五价砷转变为毒性很强的三价砷，但在饮食上不容易，除非同时吃几千克被严重砷污染的螃蟹和 5 斤以上的柿子，才有中毒的可能性。

8. 滴血能"测癌"

滴血"测癌"面对的更多是患癌人群，可辅助医生对治疗效果进行评价，滴血目前并不能直接检测出癌症。

9. "骨髓捐献"会影响健康

获取造血干细胞的方式目前有两种：第一种是抽取骨髓造血干细胞，第二种是采集外周血造血干细胞。在捐献造血干细胞的过程中，捐献者可能会有轻微的不适，但并不会危害捐献者的健康。

10. 打疫苗会破坏免疫系统

接种疫苗是世界上公认的最有效和性价比最高的疾病预防策略，公众对疫苗的正确认识是保持高水平疫苗接种率的重要前提。

# 2016 年十大科学传播事件

## （排名不分先后）

**1. 科技界"三会聚首"，科学普及与科技创新"两翼齐飞"**

5 月 30 日开始，全国科技创新大会、中国科学院第十八次院士大会和中国工程院第十三次院士大会、中国科协第九次全国代表大会"三会聚首"，习近平总书记强调"科技创新、科学普及是实现创新发展的两翼，要把科学普及放在与科技创新同等重要的位置"。

**2. 人类两次探测到引力波，爱因斯坦预言被证实**

2 月 11 日，美国国家科学基金会及激光干涉引力波天文台（LIGO）科学合作组织宣布成功探测到了引力波，这是人类首次直接探测到了引力波，1916 年爱因斯坦基于广义相对论预言引力波的存在被证实，成为物理学和天文学的重要里程碑。

**3. "阿尔法狗"横扫李世石，人工智能话题迅速升温**

3 月 9 日，谷歌公司研发的人工智能围棋软件 AlphaGo 以 4 ∶ 1 战胜围棋世界冠军李世石，"人狗"大战引爆公众对人工智能的持续关注。

**4. 天空二号发射成功，太空科普激发青少年科学梦想**

9 月 15 日，作为中国第一个真正意义上的空间实验室，天宫二号发射成功。航天员在太空进行了一系列空间试验，"太空科普课"上线播出，激发了青少年朋友热爱科学、探索宇宙的梦想。

**5. 超百位诺奖得主联署公开信，呼吁停止反对转基因技术**

6 月 29 日，超百位诺贝尔奖得主联合签名，向联合国和各国政府发出倡议，力挺转基因作物，要求绿色和平等组织停止"反转"，特别是对黄金大米的反对。

**6. 世界首颗量子卫星发射，首席专家带头解读民用前途**

8 月 16 日凌晨，首颗量子科学实验卫星在酒泉卫星发射中心圆满发射成功，标志着我国空间科学研究又迈出重要一步。以量子科学实验卫星首席科学家潘建伟为首的专家团队详细解读了量子密码和百姓生活的关系。

7. 中国 FAST 睁开"天眼"接收来自宇宙深处的电磁波

9 月 25 日，被誉为"中国天眼"的 FAST 历时 22 年落成，开始接收来自宇宙深处的电磁波。这是我国具有自主知识产权、世界上最大单口径、最灵敏的射电望远镜。

8. 长征五号成功发射，运载火箭实现升级换代

11 月 3 日，中国运载能力最大的火箭长征五号在中国文昌航天发射场成功升空，标志着我国运载火箭实现升级换代，是由航天大国迈向航天强国的关键一步。

9. 公民科学素质提升到 10% 目标被纳入国家发展"十三五"规划

2016 年发布的《中华人民共和国国民经济和社会发展第十三个五年规划纲要》中明确提出到 2020 年"公民具备科学素质的比例超过 10%"的奋斗目标。我国将"公民具备科学素质的比例超过 10%"作为"十三五"国民经济和社会发展的目标之一。

10. 超强厄尔尼诺现象发生，气象部门多渠道发出科学声音

10 月 30 日，国家气候中心综合评估认为，2016 年发生了 20 世纪以来最强的厄尔尼诺现象。国家气候中心、公共气象服务中心等 4 家单位对这次超强厄尔尼诺事件发生发展的整个进程进行了密切跟踪监测，通过多种传播渠道发出科学权威声音向社会公众解疑释惑。

# 2016 年十大科学传播人物及"科普中国"特别贡献者

## （排名不分先后）

### 1. 欧阳自远

中国科学院院士、中国科学院地球化学研究所研究员、国家天文台高级顾问。他坚持撰写科普图书与文章，并做大量的科普报告，做好自己的研究是科学家的天职，做科学传播也是科学家的使命。

### 2. 刘嘉麒

中国科学院院士，中国科学院地质与地球物理研究所科学指导委员会委员、研究员，中国地质学会副秘书长。他的科普报告内容深入浅出，贴近大众。科普作品量多且质量高，受到媒体的广泛关注。

### 3. 金涌

化学工程专家，清华大学化学工程系教授、博士生导师，中国工程院院士。作为中国化学工程的元老，他带头向社会普及化学化工知识，厘清大家在化工认识上的许多误解。

### 4. 缪中荣

首都医科大学附属北京天坛医院介入神经病学科主任、教授、博士生导师。作为我国脑卒中防治领域的著名专家，他深知脑卒中防治重在预防和科普，希望能动员全民和政府共同防控脑卒中。

### 5. 曹则贤

中国科学院物理研究所研究员、博士生导师。他在从事科学研究之余，长期从事科学传播。他长期关注物理学名词事业，一直致力于物理学名词的翻译和校正工作。

### 6. 郑永春

行星科学家、科普作家、"科普中国"形象大使、中国科学院国家天文台副研究员。作为嫦娥探月工程的科研人员之一，他一直从事月球与行星地质和环境的研究。

### 7. 叶永烈

上海作家协会一级作家、教授、科普文艺作家、报告文学作家。在中国当代科普创作领域，无论在创作数量、成就地位还是影响力、贡献等方面，他都是被充分肯定与高度重视的重要作家。

### 8. 秦瑞强

民营企业家，河北省正定县科技馆馆长、高级工程师。他创建了综合性科技馆——河北正定科技馆，创建了科普车队。他被公众称为"科普奇人"、"科学发烧友"、传播科技的"疯子"，他用实际行动谱写着自己的科普人生。

### 9. 陈耀

中国科学院物理研究所研究员、博士生导师，《物理》杂志专栏撰稿人，科技部国家重点基础研究发展计划（973计划）纳米材料项目首席科学家。他帮助100多所乡村学校推广家庭实验室计划，成为中国乡村科学教育的榜样。

### 10. 木胡牙提

医学博士、主任医师、教授、博士生导师。他是我国第一位哈萨克族心血管内科专业博士研究生，在科普资源相对缺乏的少数民族地区，开展了形式多样的社会民众健康科普教育活动，深入浅出地向社会大众普及健康知识。

### 11. 2016年"科普中国"特别贡献者：戴伟（David G.Evans）

英国人。1996年9月来到北京化工大学从事科学研究，2002年获聘为特聘教授。他将深奥的化学原理以通俗易懂和趣味奇幻的形式进行重新诠释，展示了科学研究和化学实验中严谨、严肃、认真、细致的科学态度，极大地激发了广大学生学习化学的浓厚兴趣。

# 2016 年十大网络科普作品

## （排名不分先后）

**1. 天宫新传奇起源**

该短视频生动形象地介绍了天宫二号及其所搭载的几个重点实验，主要挑选了冷原子钟、高等植物、伽马射线三个主要实验进行重点解读。

**2. 长征七号：太空运输大力士**

通过三分钟视频介绍长征七号的运载能力和发射意义。

**3. 口香糖开椰子**

《加油！向未来》利用实验现象解释非牛顿流体，将没嚼过的口香糖捏成锥子形可以打开椰子。该视频内容不仅与百姓生活息息相关，具有实用性，而且让科学原理变得简单易懂并具有传播性。

**4. 来自星星的灯塔**

该视频是中国科学院"80后"导航系统科学家徐颖对中国自行研制的北斗卫星导航系统所做的一次"科普课"，在轻松、易懂、简洁的阐释中，为公众描摹了一幅清晰的图谱。

**5. FAST 三维动画来了，告诉你"世界之最"到底有多牛**

国家重大科技基础设施 500 米口径球面射电望远镜 9 月 25 日落成启用，开始探索宇宙深处的奥秘。

**6. "墨子"发射：量子通信最强音**

该作品独家采访了中国科学技术大学常务副校长、中国科学院量子科学实验卫星先导专项首席科学家潘建伟，对广大受众关心的问题进行了视频解读。

**7. 国之重器航空发动机，是时候给军迷普及了**

航空发动机是当今世界上最复杂、多学科集成的工程机械系统之一，是保证国家安全、彰显强国地位的航空武器装备的"心脏"，该视频对其进行了介绍和普及。

8. 超强台风"尼伯特"有多可怕：登陆后风力 12 级

超强台风"尼伯特"相关短视频在台风影响期间起到了很好的科普作用，视频发布后民众的信息安全需求得到了满足，对于灾难到来时的恐慌心情有很好的稳定作用。

9. 引力波，带人类倾听星辰大海的声音

在人类等待了 100 年之后，终于在 2016 年 2 月 12 日，美国国家科学基金会召开了新闻发布会，宣布了 2015 年 9 月的首个引力波探测结果。

10. 体内胆固醇含量其实跟饮食并没有关系

通过短视频对体内胆固醇含量和饮食之间的关系进行解释说明。

# 2016 年十大科学流言终结榜

## （排名不分先后）

### 1. 美国人不吃转基因？

美国是世界上最早开始研发转基因技术的国家，从 1994 年开始，美国就在本国市场销售转基因商品超过 5000 个种类，迄今已经吃了 20 多年，是转基因研发和消费大国。

### 2. 空腹不能喝牛奶？

空腹状态下喝牛奶，牛奶中的脂肪和乳糖可以提供能量，不会造成蛋白质的浪费。有研究表明，牛奶中的总乳清蛋白具有抗微生物感染及控制黏膜炎症的作用，由于人的个体差异，有的人喝牛奶后会出现腹胀等不适现象，可能是自身乳糖不耐受造成的。

### 3. 血栓抽吸装置问世，心脏支架被淘汰？

国内血栓抽吸导管在治疗急性心肌梗死等方面已应用了很多年，技术确实在不断改进，但并不存在这样一种代替支架的"新技术"。普通老百姓分不清血栓和动脉粥样斑块的区别，以为抽血栓抽的就是斑块，抽完就不用放支架了。

### 4. 草莓个头大是因为打了激素？

目前市面上出现的大个头草莓多为"幸香"草莓，"幸香"草莓是从日本引进的杂交选育品种，本身个头就很大。长相奇怪的草莓大多是因为大棚里温度和湿度不良，蜜蜂量不够导致授粉不均，这是很正常的现象。

### 5. 绿色背景能保护视力？

电脑屏幕的光涵盖红、绿、蓝多种不同波长的光线，研究表明，在达到一定时长、一定强度的蓝紫光照射下，视网膜会受到损伤。绿光的波长虽然与蓝光相近，但并没有研究表明绿光比波长更长的红光、黄光对视网膜的损伤更大。

6. X 射线安检仪对人体有很大伤害？

X 射线安检仪有没有危害，要看安检仪辐射的 X 射线剂量。按照我国制定的《电离辐射防护与辐射源安全基本标准》，公众照射的剂量限值为年有效剂量 1 毫西弗；特殊情况下，如果 5 个连续年的年平均剂量不超过 1 毫西弗，则某单一年份的有效剂量可提高到 5 毫西弗；眼晶体的年当量剂量为 15 毫西弗；皮肤的年当量剂量 50 毫西弗。

7. 圣女果、紫薯、彩椒都是转基因食品？

圣女果不是转基因植物，目前的确有研发出转基因番茄，但并未在中国上市。紫薯的紫色是天然的，如果紫薯和大米一起蒸煮会把米饭染紫，这都属于正常现象。彩椒经长期栽培和人为杂交选择，果实辣味消失，但仍保留了较高含量的维生素 C。

8. 喝苏打水预防癌症？

苏打水是一种含有碳酸氢钠（也称为小苏打）的弱碱性水。苏打水以补水为主，但其毕竟含有钠，健康人没必要长期、大量饮用。在浙江大学开展的一项研究中，"饿死"癌细胞的说法并不准确。人平常喝的苏打水和医疗上的小苏打完全是两个概念。

9. 吃素就不会得心血管疾病了？

患有心血管疾病的人往往是因为不良的生活习惯而导致的总体失衡，如果日常饮食搭配不合理，即使不吃肉也可能患病。饮食结构合理才是关键。

10. 方便面 32 小时不能消化？

实验中存在很多不科学和不严谨的地方，两组实验从科学上不能称为对照组，因此也不存在可比性。同时，这个实验的出发点是研究加工食品的消化过程，而在视频展示的实验中，两种面在两个小时后就基本消化了，只是方便面还能看到一点儿残留的影子而已。

# 2015 年十大科学传播事件

（按事件发生时间排序）

1. 阳光动力 2 号中国巡游，公众直观体验未来能源应用

3 月 9 日，目前世界上最大的太阳能飞机阳光动力 2 号开始环球飞行，途中在重庆、南京短暂停留，为宣传普及新能源、新材料相关知识和节能环保技术提供了有利时机。

2. MERS 疫情传入中国，及时科学传播减少大众恐慌

5 月，中东呼吸综合征（MERS）传入中国。相关图示、漫画和视频在新媒体高效传播，让公众在这次疫情中较为充分地掌握信息，免于引发信息不透明导致的恐慌。

3.《三体》获雨果奖，科幻成公众关注科学的独特路径

8 月 23 日，中国当代科幻的领军人物刘慈欣凭借代表作《三体》的英译本荣获世界科幻界最高奖项之一的"雨果奖"。作为一种科普的形式，科幻成为引导公众关注科学的独特路径。

4. 最新调查结果公布，中国公民科学素养水平提升令人振奋

9 月 19 日，中国科协发布第九次中国公民科学素质调查结果。调查结果显示，2015 年我国具备科学素质的公民比例达到 6.20%，为我国到 2020 年进入创新型国家行列奠定了坚实的基础。

5. 火星发现"卤水"，太空探索新成果让公众仰望星空

9 月 28 日，美国国家航空航天局宣布，现有证据表明火星上有液态盐水间歇性地流动。中国媒体将浓盐水翻译成一个中国化的称谓——"卤水"。

6. 药学家屠呦呦荣获诺贝尔奖，激励国人在科技创新中勇攀高峰

10 月 5 日，药学家屠呦呦女士凭借 40 多年前找到的青蒿素提取方法，成为中国第一位获得诺贝尔生理学或医学奖的女科学家。屠呦呦获得诺贝尔奖，极大地激励了国人在科技创新中勇攀高峰的信心。

7. 放开"二孩"政策落地，孕产妇知识成科普大热门

在 10 月下旬举行的十八届五中全会上，放开"二孩"政策正式落地。"二孩"政策颁布之后，相关人群短时间内掀起了学习相关医学知识的热潮，可谓新政未启，科普先行。

8. 世界机器人大会召开，机器人服务社会的脚步越来越近

11 月下旬，世界机器人大会首次在中国举办。社会大众对智能机器人的好奇心不断膨胀，机器人服务社会的脚步也越来越近。

9. "我们恨化学"广告遭科学家抗议，商业宣传违反科学常识误导公众

11 月底，《结构化学基础》的作者、北京大学教授周公度公开批评某化妆品牌广告语"我们恨化学"违反科学常识。面对违反科学常识的误导性宣传，要增强辨别能力，避免被"忽悠"。

10. 探测卫星升空前征名，"悟空"寻找宇宙暗物质引大众好奇

12 月 17 日，中国第一颗暗物质粒子探测卫星"悟空"飞向太空。发射前，这颗暗物质粒子探测卫星面向公众征集名字，激发了全国民众和海外同胞对空间科学的兴趣与热爱。

# 2015 年十大科学传播人物

（按姓名拼音排序）

1. 陈君石

中国工程院院士、国家食品安全风险评估中心研究员。他一直努力构建政府、科学家和媒体之间良好的沟通机制，是我国食品安全风险交流工作最早的倡导者和引路人。

2. 邓涛

中国科学院古脊椎动物与古人类研究所副所长。他长期开展古生物地层学方面的科普工作，以深入浅出、科学严谨的表述将在古生物学、进化论、地质学等方面近年来取得的新知迅速及时地传播给广大公众。

3. 范志红

中国农业大学食品学院营养与食品安全系副教授。她是十多家报刊的特约专家及专栏作者，她身体力行，以最健康的形象示范"吃货有道"，润物细无声地促使人们在饮食习惯上做出改变。

4. 李光

黑龙江省知名校外科技辅导员。他先后组织承办过四次国家级宇航小技师导师培训。由于对航天火箭的痴迷，他在网上被称为"火箭李光"。

5. 李淼

中山大学天文与空间科学研究院院长。他用讲故事甚至是谈八卦的方式讲述科学道理，让公众看到了物理学家感性和多情的一面。

6. 马冠生

北京大学公共卫生学院营养与食品卫生系教授。作为专业学者，他的食品营养与健康科普既权威又"有料"，作为中国营养学会的理事，他做科普工作充满热情又接地气。

7. 饶毅

北京大学生命科学学院教授。他多次议论并建言中国科学教育和科研体制问题，为科技工作者发声，重新建立起科学在公众心中的地位。

8. 吐尼亚孜·沙吾提

新疆维吾尔自治区地震局副局长。他多次进行汉维双语地震科普讲座，推动少数民族地区防震减灾科普工作，为科普资源极为稀缺的少数民族边远地区撑起了地震科普的一片天地。

9. 王乃彦

中国科学院院士、中国原子能科学研究院研究员。他十分热衷于青少年的科普和培养工作，为提升青少年科学素质和能力奉献力量，提出创新人才培养要"大手拉小手"等科普理念。

10. 朱定真

中国气象局正研级高级工程师。他充分发挥自身的专业优势与影响力，数十年如一日地致力于气象科普工作，多年来坚持随九三学社中央院士专家科普团深入学校、贫困地区进行科普。

# 2015 年十大科学流言终结榜

## （按流言或辟谣发生时间排序）

1. 内蒙古风电偷走了北京大风导致雾霾？

雾、霾形成的根本原因是地面污染物碰上大气的静稳条件。目前没有任何科学研究显示风电场与雾霾的形成之间存在因果关系。

2. 自制水果酵素能瘦身美容？

自制的所谓"水果酵素"其实只是水果发酵得到的复杂混合物，其中可能会有多种酶产生，但是无法控制，也无法分辨那些酶有什么功能。

3. 55 度水杯是温水神器？

55 度水杯所用材料只是普通的铝合金，夹层中是大量盐水，所谓的温度变化就是物理学中最简单的热传导原理。如果不经开水预热，直接倒冷水是没有升温效果的。

4. 跑步比久坐死亡率更高？

与久坐不动的人相比，即使每周只跑步 1 次，也有非常大的获益，死亡率会明显下降。每周跑步 60～80 分钟、分成 2 次或 3 次跑完是最佳的跑步方式。每周要是以较快的速度跑步 3 次以上、时间达 150 分钟的话，与久坐者相比，没有明显的获益。跑步只要适度，是有益于健康的。

5. 草莓农残超标可能致癌？

监管部门针对草莓市场进行了大规模检测，均未检出乙草胺。从安全性来讲，国际癌症研究机构和美国国家毒物学研究项目都没有将乙草胺列入可疑的致癌物清单中，消费者不必为此担心。

6. 2030 年太阳将"休眠"？

科学家观测发现，无论是太阳活动最激烈还是最平静的时候，太阳辐射能量的变化都不会超过 2‰。这样的变化，是人类很难直接感受到的，只有用专门仪器才能检测出来。

7. 天津爆炸现场氰化钠可能导致毒雨？

氰化钠在常规环境下没有气态形式，不可能进入空气随风扩散，所以也没有与大气中的其他成分混合、降水形成毒雨的可能性。

8. 儿童定位手表辐射超手机千倍？

儿童智能手表主要由定位模块和 GSM 通信模块组成。辐射量和一款手机相当，一般不会超过国家标准，更不可能会出现超过手机千倍的情况，所以儿童智能手表其实是和手机一样安全。

9. 火腿培根是致癌物，与砒霜同列？

火腿、培根、香肠等加工肉类制品由于使用烟熏、腌渍、添加防腐剂等方式处理过，所以会增加罹患癌症的风险。但致癌风险增加不等于一定致癌。砒霜的毒性很强，少量摄入也会危及健康，所以不能相提并论。

10. 使用植物油做饭可致癌？

科学合理地食用植物油，关键是要采用健康的烹饪方式。中式方法（如急炒、清蒸等方式）中植物油的受热温度和时间一般不会达到有危害的程度。

# 附录二 ■■■■■■
# "科普中国"公众满意度调查问卷

1. 您对我们的服务总体上满意吗？（满意度参考值）

   A. 很满意　　　　　　B. 满意　　　　　　C. 一般

   D. 不满意　　　　　　E. 很不满意

2. 您对我们的图文、视频、游戏等内容的科学性满意吗？（科学性）

   A. 很满意　　　　　　B. 满意　　　　　　C. 一般

   D. 不满意　　　　　　E. 很不满意

3. 您对这些内容的趣味性满意吗？（趣味性）

   A. 很满意　　　　　　B. 满意　　　　　　C. 一般

   D. 不满意　　　　　　E. 很不满意

4. 您对这些内容的丰富程度满意吗？（丰富性）

   A. 很满意　　　　　　B. 满意　　　　　　C. 一般

   D. 不满意　　　　　　E. 很不满意

5. 我们希望您感到科学对普通人是有用的，您对这方面内容满意吗？
（有用性）

   A. 很满意　　　　　　B. 满意　　　　　　C. 一般

   D. 不满意　　　　　　E. 很不满意

6. 社会热点话题也能用科学的手法来表现，您对这方面内容满意吗？
（时效性）

   A. 很满意　　　　　　B. 满意　　　　　　C. 一般

   D. 不满意　　　　　　E. 很不满意

7. 您对访问我们的网站、页面或链接的便捷性满意吗？（便捷性）

    A. 很满意             B. 满意             C. 一般

    D. 不满意           E. 很不满意

8. 您对我们的图文、视频、游戏等的设计制作水平满意吗？（可读性）

    A. 很满意             B. 满意             C. 一般

    D. 不满意           E. 很不满意

9. 在阅读、浏览、互动、分享等过程中，您对界面和操作的易用性满意吗？（易用性）

    A. 很满意             B. 满意             C. 一般

    D. 不满意           E. 很不满意

10. 浏览我们的内容后，您有何收获？

    A. 非常同意          B. 同意            C. 不确定

    D. 不同意          E. 非常不同意

    （1）我获取了优质的科学信息。（关注）

    （2）我对一些科学问题产生了兴趣。（兴趣）

    （3）我对一些科学问题有了更深的理解。（理解）

    （4）我对一些科学问题形成了自己的看法。（观点）

11. 网络上科学信息的来源有很多，您对我们的态度是？

    A. 非常同意          B. 同意            C. 不确定

    D. 不同意          E. 非常不同意

    （1）我相信这里的科学内容都是真实可靠的。（认知信任）

    （2）我会把这里的科学内容推荐给我的家人。（情感信任）